省级哲学社会科学研究规划项目《基于供应链的国产婴幼儿奶粉消费者信心重建研究》（13B035）研究成果
钦州学院专项经费资助出版

国产婴幼儿奶粉供应链消费者信心重建与绩效提升策略研究

王淑慧　著

U0340207

西南交通大学出版社
·成　都·

内容简介

本书是王淑慧老师黑龙江省哲学社会科学研究规划项目《基于供应链的国产婴幼儿奶粉消费者信心重建研究》（13B035）的部分研究成果，该项目鉴定等级为优秀。

本书的主要内容包括两个方面：一方面从消费者的角度，分析婴幼儿奶粉供应链终端消费者信心的影响因素，构建单一消费品消费者信心指数测度方法，对国产和进口婴幼儿奶粉供应链终端消费者信心进行计量和比较，并据此提出重建国产婴幼儿奶粉消费者信心的对策；另一方面从供应链的角度，构建乳品供应链绩效评价指标体系，通过算例进行测算，分析供应链上资源未能合理利用引起效率和效益下降的环节，据此提出乳品供应链绩效提升策略。

图书在版编目（ＣＩＰ）数据

国产婴幼儿奶粉供应链消费者信心重建与绩效提升策略研究 / 王淑慧著. 一成都：西南交通大学出版社，2019.6

ISBN 978-7-5643-6949-1

Ⅰ.①国… Ⅱ.①王… Ⅲ.①婴儿 – 乳粉 – 供应链管理 – 影响 – 消费心理 – 研究②婴儿 – 乳粉 – 供销管理 – 经济绩效 – 研究 Ⅳ.①TS252.51②F713.55③F713.32

中国版本图书馆 CIP 数据核字（2019）第 130836 号

国产婴幼儿奶粉供应链消费者信心重建与绩效提升策略研究

王淑慧　著

责 任 编 辑	何明飞
封 面 设 计	何东琳设计工作室
出 版 发 行	西南交通大学出版社
	（四川省成都市金牛区二环路北一段 111 号
	西南交通大学创新大厦 21 楼）
发行部电话	028-87600564　028-87600533
邮 政 编 码	610031
网 　　　 址	http://www.xnjdcbs.com
印 　　　 刷	成都勤德印务有限公司
成 品 尺 寸	170 mm×230 mm
印 　　　 张	8　　　字　　数　　130 千
版 　　　 次	2019 年 6 月第 1 版　　印　次　　2019 年 6 月第 1 次
书 　　　 号	ISBN 978-7-5643-6949-1
定 　　　 价	58.00 元

前　言

2008 年三聚氰胺奶粉事件后，消费者对于国内供应链（Domestic Supply Chain，DSC）提供的婴幼儿奶粉消费信心一落千丈。与此同时，原装进口供应链（Import Full packaged Supply Chain，IFSC）提供的婴幼儿奶粉销量大增。IFSC 婴幼儿奶粉也曾出现过一些质量安全事故，如 2013 年恒天然集团肉毒杆菌事件中受到影响的婴幼儿奶粉可瑞康、雅培等，但是 IFSC 婴幼儿奶粉依然保持着较高的销售业绩。为此政府和企业制定了相关管理策略并加以实施。2013 年 12 月，国家食品药品监督管理总局发布《婴幼儿配方乳粉生产许可审查细则》。2014 年 5 月 1 日起，我国开始全面实施对进口乳品境外生产企业的注册管理，未经注册的境外生产企业产品不允许进口。2016 年 10 月 1 日起，施行《婴幼儿配方乳粉产品配方注册管理办法》（国家食品药品监督管理总局令第 26 号）。

2018 年 8 月 24 日，国家市场监督管理总局公布了涉及双娃、君乐宝、贝因美、雅士利等 99 家 238 批次婴幼儿配方奶粉的抽检结果，抽检结果显示全部合格。尽管 DSC 婴幼儿奶粉质量都是合格的，但是学者们经研究发现，消费者的信心却没有明显改观，产品质量不是决定消费者信心的唯一原因。而低落的婴幼儿奶粉消费者信心对我国的奶业发展已造成极大影响。国家统计局数据表明，2008 年我国牛奶总产量为 3 010.57 Mt，到 2018 年增长为 3 075.00 Mt，10 年间年平均增长率为 0.21%。从穆迪指数提供的数据可知，中国进口的奶制品和全脂干奶粉的数量从 2008 年的 46 Mt 增长到 2017 年的 470 Mt，增长了 1 021.74%，9 年间平均增长了 113.53%。

到底是哪些因素决定了消费者对不同供应链婴幼儿奶粉的消费信心？DSC 婴幼儿奶粉如何提升消费者信心，从而促进产业发展，成为当前亟待解决的问题。为此作者提出国内婴幼儿奶粉供应链消费者信心重建和绩效提升研究课题。本研究获得黑龙江省社科基金支持（13B035），研究期间在 SSCI 期刊 Asia Pacific Journal of Marketing and Logistics 发表论文一篇，在黑龙江八一农垦大学学报上发表论文一篇，通过课题组人员的共同努力，课题鉴定结果为优秀。

感谢北部湾大学朱芳阳教授和李燕老师，黑龙江八一农垦大学王丽娟老师、李莉老师、张平老师和西南交大出版社何明飞编辑等人对本书的出版给予的支持和帮助。在此课题研究期间，著者曾离家一年赴澳大利亚科廷大学访学，特别感谢澳大利亚科廷大学 Paul Alexander 教授在课题研究中给予的帮助。感谢我的研究生周庆生、梁慧君、崔蕾、袁薇、张灵思等人在课题研究原始数据搜集中所做出的贡献，同时感谢家人在此期间给予的理解和包容。感谢大家的付出，让我能积沙成塔出版此专著。同时也希望该研究成果能为婴幼儿奶粉企业的管理者和相关产业供应链管理研究学者提供有益的借鉴。

王淑慧

2019 年 3 月

目　录

1 国内外研究现状分析

1.1 消费者信心及其影响因素研究现状

1.1.1 消费者信心

消费者信心是指消费者根据国家或地区的经济发展形势，对就业、收入、物价、利率等问题综合判断后得出的一种看法和预期，是对消费者整体表现出来的信心程度及其变动的一种测度，是消费者的一种主观心理状态，作为对消费者情绪的一种概括及量化描述。

消费者信心指数的理论和方法最初是由美国密歇根大学调查研究中心（Survey Research Center，SRC）的乔治·卡通纳教授（George Katona）在20世纪40年代后期提出的。George Katona 将心理学、社会学的研究成果与人们经济行为的研究结合起来，设计了第一份对消费者经济心理和预期进行测度的调查问卷，在此基础上创建了一种得到公认的测量工具和方法。

消费者信心指数是衡量市场条件下经济运行的重要参数，对于研究消费者行为和经济运行的消费环节，以及由此带来的经济发展、就业变动和居民社会心理变化有重要作用。经过实践检验和发展，消费者信心指数已被社会认可、接受，并逐渐成为经济生活中备受关注的一个重要指标。在许多国家，消费者信心的测度被认为是消费总量的必要补充，消费者信心指数是监测经济周期变化不可缺少的依据之一。

我国国家统计局从 1998 年开始研究编制我国的消费者信心指数，经过多年的实践，消费者信心指数已经成为我国经济景气指数体系的有机组成部分，受到国内外的关注。传统消费理论主要注重对消费者收入与消费支出的关系研究，而新的西方消费者信心指数理论指出，消费者信心指数对消费支出有重要影响。2008 年，金融风暴席卷全球，引发了全球的经济危机。王霞等（2010）通过对国内某商业银行的客户交易资料研究发现，消费者信心指数对高端客户交易频率具有显著的正向影响，而对中、低端客户交易频率的影响则不显著。研究结论对银行业的客户关系管理具有现实借鉴意义。消费者信心已经受到各国政府及央行的关注，它们常利用消费者的信心来预测、描述经济周期的各个方面的变量。消费者信心指数的编制和应用在欧美等发达国家都很成熟，但是在我国，消费者信心指数的调查和建立仍处于探索阶段。

总体上来看，消费者信心的研究从宏观的角度研究比较多，和民生息息相关的某类重要产品的消费者信心的形成机理和测度的研究相对较少。随着我国经济不断发展，人们收入水平不断提高，对于一些消费品的质量要求越来越高，并且很多居民愿意支付更高的价格来获得高品质的产品，一些不法商贩开始制假贩假，市场时常爆出各种假冒伪劣产品，对消费者消费信心造成极大的影响，也使得从事相同或者相关产业的企业的销售受到了极大影响。为此和民生息息相关的某类重要产品的消费者信心的形成和变动规律受到了学者们的逐渐关注。

1.1.2 消费者信心影响因素及对策

1. 早期消费品消费者信心影响因素及对策研究

关于某类重要产品的消费者信心的研究最早起源于农产品。由于和居民生活息息相关，产品之间具有极大的可替代性，一旦有农产品质量存在安全问题的信息公布，或者只是毫无根据的谣言，都会对消费者的购买信心产生极大影响。对于工业制品，大部分消费者往往认为品牌是产品安全和质量的指标。由于我国经济曾经在很长一段时间落后于国际水平，在许多居民心里形成了对国外品牌产品的盲目崇拜。国产品牌和国外品牌相比，价格要便宜许多，然而在全国主要城市中，跨国企业的国外品牌在市场渗透率、品牌忠诚度方面均领先于国内企业。

对于食品和农产品，消费者的信心要想在受到质量问题打击后得到重塑（郭春、王新志，2012），有效的农产品安全多元治理机制的建设和完善是关键，即建立一个确保市场主体激励兼容、信息充分对称，经济责任与法律、社会道德责任共同治理，政府监管主导与社会参与有效协同的多元治理机制。

2. 消费者信心影响因素及对策研究的供应链思想

杨伟民、胡定寰（2008）对食品安全问题进行了深入分析后，提出问题的根源在于供应链环节之间缺失监管的市场交易模式。新的消费需求需要在供应链的各个环节之间引进"管理机制"，逐渐把整个供应链纳入统一的组织中间，用"内部组织"来取代"外部市场"，从而使安全问题内部化，消费者信心主体单一化，防止责任在供应链成员中相互推诿。"三鹿奶粉"事件为我国乳品制造企业的发展敲响了警钟。根据各方媒体的报道，"三鹿奶粉"事件的起因是不法奶农在原料奶里加入了三聚氰胺，而奶农之所以这么做是由于他们已经被厂家压榨到无法生存的地步。因此可以这么说，"三鹿奶粉"事件是供应链管理缺失造成的。

施婧楠（2014）指出供应链是一个复杂的系统，供应链成员与消费者之间存在着信息不对称的情况，因此消费者在进行消费时往往不能准确判断食品的安全性，他们更多依赖于供应链上为其提供安全食品的成员。食品供应链上的成员包括养殖户、生产企业、政府、销售商和报道食品安全问题的媒体，消费者通过了解这些食品供应链成员可以减少他们对于食品安全知识匮乏的不安，并且能够增加他们对食品安全的信心。

在儿童食品市场上，婴幼儿奶粉的使用者是 0~3 岁的婴幼儿，但购买决策完全由父母做出，婴幼儿奶粉的购买决策是一个非常理性的过程。乳制品质量安全直接关系到消费者的身体健康和生命安全。价格并不是最主要的决定因素，安全、品质和营养才是最关键的因素，这也导致了在婴幼儿奶粉市场上，国外品牌能够压倒国产品牌。营销的关键在于把握消费者的需求，谁能更好地把握婴幼儿奶粉消费者需求及消费（购买）特点与习惯，并有效利用、转换相应的营销策略，谁就有更大的获胜把握。

中国奶粉市场，尤其是婴幼儿配方奶粉的需求增长速度较快，其中高档婴儿奶粉市场销量每年以两位数的速度增长。庞大的新生儿消费群体孕育着中国婴幼儿奶粉巨大的市场空间。中国已成为仅次于美国的世界第二大婴幼儿配方奶粉市场，并逐渐成为高端婴幼儿奶粉市场的第一大市场。因此，中国的婴幼儿奶粉市场有着巨大的发展空间。婴幼儿奶粉问题事件不仅对消费者身心造成影响，降低消费者对产品的信心，更直接导致企业的财产损失和声誉损伤，甚至使其面临破产或被收购的危险，使内市场受到巨大的冲击。消费者对国产奶粉缺乏信心，从畜牧工作者、乳业企业到国家政府部门，都有不可推卸的责任。

为了厘清事故责任，可追溯系统首次使用在汽车、飞机等工业产品上。在欧洲爆发疯牛病，造成食品安全危机后，2000年欧盟提议建立牛肉产品可追溯系统，这是世界范围内第一次提出了食品可追溯性。如今，食品安全被提高到国家安全战略的高度。作为重要的技术手段，无线射频识别技术（RFID）在农业食品领域的应用受到了极大关注，它能够提高信息流在农业食品部门供应链和内部的安全管理。它的运用提高了强制性食品产品的可追踪性。

张悦（2013）采用动态博弈的方法研究中国奶制品市场，认为"法律保障不健全"是影响消费者信任的重要影响因素。因为在"法律保障不健全"约束条件下，消费者如果选择国产奶粉，供应商也会因为法律不健全而选择提供劣质奶粉。因为消费者即使会为劣质奶粉带来的损失打官司也不一定能够得到足够的赔偿，所以理性的消费者不会选择国产奶粉。他建议通过成立消费者奶粉协会降低消费者诉讼成本，完善法律法规加强监管力度，降低奶制品进口关税加强国内奶制品市场竞争三个方面入手重建国内奶制品市场信心。

1.2 婴幼儿奶粉供应链及其消费者

1.2.1 婴幼儿奶粉供应链

白宝光（2016）、赵艳波（2008）、白世贞（2013）根据供应链的定义，将乳制品供应链定义为以乳制品为对象，围绕核心企业，通过对物流、资金流和信息流的控制，从原料奶的生产、采购，经乳制品企业生产加工，再到经销商、配送商，将乳制品运送到超市、商场等终端系统，最后卖给消费者，将奶农、乳企、经销商、配送商、零售商以及最终消费者连成一体的功能网链模型。供应链主要包括生鲜乳供应、乳制品生产加工、仓储流通、销售以及消费等环节，涉及的主体有奶牛养殖户（场）、奶站、乳制品加工企业、零售企业、最终消费者等，组织模式主要包括以乳制品加工企业为核心的模式、以奶牛养殖企业为核心的模式。

根据婴幼儿奶粉供应链定义及供应链的组成，将目前国内市场上的婴幼儿奶粉主要分为 3 种供应链类型：第一种是国内婴幼儿奶粉供应链（Domestic Supply Chain， DSC），该供应链的液态奶来源于国内市场的奶牛养殖企业和农户，由国内的奶站或者奶粉加工企业收集液态奶，然后交付奶粉加工企业加工成婴幼儿奶粉，并由销售商进行销售，主要销售商包括大型超市、母婴用品店、药店、社区零售商店和网上商店等。第二种是原装进口婴幼儿奶粉供应链（Imported Full – packaged Supply Chain，IFSC），奶粉的主要来源国有新西兰、德国、澳大利亚等乳品大国。该供应链的全部加工奶源来自进口来源国内部，一般为规模化养殖的奶牛养殖企业，原料奶交付奶粉加工企业加工成婴幼儿奶粉，并进口到中国市场，主要销售渠道有大型超市、母婴用品店、药店、海外代购和网上海淘等。第三种就是原料进口分装婴幼儿奶粉供应链（Imported Sub – packaged Supply Chain，ISSC），部分中国境内的企业进口奶粉生产大国的原料奶粉，按照不同的配方添加辅料，混合包装后，在中国境内进行销售的婴幼儿奶粉，主要销售商与第一种供应链下的相同。

Rao. K. H.，Raju. P. N.，Reddy. G. P.，Hussain， S. A.（2013）研究指出，乳品行业是一比较特殊的行业，不仅产业链长，而且环节多，涉及第一产业（农牧业）、第二产业（食品加工业）和第三产业（分销、物流等）的纵向延伸，其链上任何一个环节出现质量问题，都会影响整体供应链的质量安全，并最终影响到消费者的食用安全。一个可持续发展的乳制品产业链是尽可能地将有利的价格给农民、价值给消费者，保证行业合理的回报。目前我国乳品供应链的现状总体上缺乏可持续性，食品安全隐患较大，产品链不健全，利益分配不合理。

中国目前的乳品供应链合作关系存在先天不足。处于核心地位的乳制品加工企业与其上游奶农、下游经销商之间的关系存在明显的松散和不协调，供应链成员关系脆弱。虽然乳制品加工企业利用先发模式整合了外部资源，降低了成本，能在短期内使企业获得迅速发展，但先发模式导致供应链合作关系柔性的缓冲、适应和创新3种能力都比较差，潜在风险较大，难以适应企业长久发展的需要。供应链某一环节的危机能够引发整条供应链危机，导致核心企业的破产，进一步引发公共安全、公共道德危机，既突显了危机的"波及"或"连锁效应"，又警示企业加强供应链危机管理和政府不断完善监管职能的必要性。

1.2.2 婴幼儿奶粉供应链消费者

消费者对食品安全的信心程度和消费者个人因素有很大关系，其中，社会人口统计学变量包括消费者的性别、年龄、个人收入、居住地点、受教育程度、家庭成员和对食品安全关注度的差异。另外，个性特征会影响消费者对食品安全的信心程度。有些人喜欢关注食品安全，有些人对食品安全的关注较少，因此他们对食品安全的风险感知不同，在面对食品安全风险时心理态度也有差异。与此同时，消费者食品安全信心还可能取决于消费者对食品风险的个人控制感知情况。Green在研究中得到的信息表明，消费者如果信任销售食品的人员，尤其是那些他们熟悉的销售人员，那么他们就会对该种食品充满信心并且相信这种食品是安全、卫生的。

1.3 婴幼儿奶粉消费者信心影响因素及对策

中国的婴幼儿奶粉市场有着巨大的发展空间（冯启，2012）。刘东胜、孙艳婷（2010）指出，婴幼儿奶粉问题事件不仅对消费者身心造成影响，降低消费者对产品的信心，更直接导致了企业的财产损失和声誉损伤，甚至使其面临破产或被收购的危险，国内市场受到进口产品的巨大冲击。

一部分学者认为，婴幼儿奶粉消费者信心主要取决于供应链产品质量。

汤应虚（2009）指出，由于婴幼儿奶粉的使用者是0～3岁的婴幼儿，其购买决策完全由父母做出，其购买决策是一个非常理性的过程，并且愿意为质量安全溢价支付。杨俊等（2012）通过对上海婴幼儿奶粉健康安全问题的调查，结果显示，消费者的关注排名中质量、品牌、营养和功能位列前三，可见在食品安全问题频发的情况下，也促使家长们对孩子的衣食格外谨慎，质量占其主要因素。方升、周敏（2008）主要从"三鹿婴幼儿问题奶粉事件"出发，分析供应链各个环节存在的质量安全隐患，提出了基于供应链的乳品质量安全控制的对策和建议。芦丽静、单海鹏（2014）认为，要提高国产婴幼儿奶粉质量，重塑消费者信心，提高消费者对于国产婴幼儿奶粉的信任度应该从以下两个方面着手：第一，国内乳品企业应实行供应链的"全链"管理。第二，应建立完备的信息披露制度。

然而，姚欣、沈文华（2012）通过问卷调查，研究北京市婴幼儿奶粉的购买和消费情况，以及消费者对婴幼儿奶粉质量关注度和购买影响因素。运用SPSS统计软件，分析国际品牌与国内品牌奶粉的质量差异，研究结果表明国内外品牌奶粉在营养成分上并无显著性差异。由于国产婴幼儿奶粉频繁且恶劣的质量安全事故，使得消费者对于国内婴幼儿奶粉供应链所提供的产品失去了信心。但是质量安全事故发生后，仅仅提高产品质量，并不能稳步提高国内消费者的信心。于是部分学者开始在质量因素的基础上，从消费者的情感和认知角度来分析婴幼儿奶粉消费者信任的影响因素。王威、杨敏杰（2009），杨炫（2014）认为乳制品具备典型的"信任品"属性，针对乳制品质量安全的"信任品"属性，交易过程中的信息对称性影响乳制品消费者信心形成（Merrill，Francer，2000；刘呈庆等，2009）。除消费者和乳制品生产企业的市场交易过程，奶农、奶站、乳制品企业、政府之间也存在信息不对称的现象，导致生鲜乳和最终乳制品的质量安全水平无法得到基本保障。姜冰、李翠霞（2013），钱贵霞等（2010），孙晓媛（2015）认为，乳制品供应链各环节存在的信息不对称现象所引发的乳制品安全问题无法通过市场调节来解决，乳制品消费者信心来源于合理的法律机制与监管机制以及政府有效的规制行为。

朱俊峰等（2011），陈宗霞（2013）通过调研数据的搜集，基于二元Logit模型、结构方程模型分析安全食品支付意愿的影响因素。研究结果显示，诸如安全乳制品的价格、消费者风险感知、消费者对安全乳制品的认知以及信任程度、家庭收入、购买行为及经验等变量对支付意愿的影响作用具有普遍一致性，而诸如消费者年龄、受教育水平、家庭组成、性别等个体特征变量对安全乳制品支付意愿的影响作用存在争议。

基于南京市 167 位婴幼儿奶粉消费者的调查数据，统计结果表明，消费者对婴幼儿奶粉信息的关注程度较高，网络、亲朋交流、广播电视和报纸杂志是消费者了解信息的主要渠道，但对信息的了解程度有限，消费者信任程度比较低，且更偏向于相信进口奶粉比较安全，多数人愿意为奶粉安全支付额外费用，安全和品牌是消费者购买婴幼儿奶粉考虑得比较多的一个因素（刘华、陈艳，2013）。

全世文等（2011）以 2008 年我国爆发的三聚氰胺事件为例，对河北省消费者在事件发生一年后的奶粉和液态奶购买恢复分别进行了实证分析。研究表明，政府和企业采取措施的目标在于加强消费者的知识了解、促进消费者信息信任从，而降低消费者风险感知，以保证食品安全事件后消费者的购买行为能够尽快地恢复。

于海龙、李秉龙（2012）以北京市城市消费者为调查对象，分析消费者对不同品牌婴幼儿奶粉的选购行为及其影响因素。研究结果表明，与国内婴幼儿奶粉品牌相比，国外品牌占据明显优势，有 82.7% 的消费者购买国外品牌。从消费者自身的认知出发，质量安全是其购买国外品牌的主要原因。风险感知、收入、家中小孩数和性别是影响消费者品牌选购的主要影响因素。

通过问卷调查收集相关数据，采用似无关回归法（全世文等，2011）、结构方程模型（李玉峰等，2015）、Heckit 和 Double – Hurdle 模型（全世文等，2011）分析消费者在乳制品质量安全事件发生后的购买恢复阶段对乳制品的质量安全感知风险与风险态度及其影响因素。研究结果表明，消费者新知识的积累和了解、风险态度以及消费者对质量安全主体信息的信任程度，显著影响购买恢复阶段消费者对乳制品的感知风险以及购买恢复行为。政府监管力度以及企业及时正确的危机管理也能够促进消费者购买意向的恢复。

通过问卷调查搜集相关数据了解消费者质量安全信任现状的评价，并在结构方程模型的基础上通过因子分析（荀娜，2011）以及路径系数分析方法（巩顺龙等，2012）对消费者质量安全信心以及信任的影响因素进行研究。研究结果显示，目前我国消费者对乳制品质量安全现状的信心不足且信任偏低（李翠霞、姜冰，2015；王旭等，2016），且消费者信任水平受不同因素的影响。

就影响乳制品质量安全信任水平的因素而言，消费者感知价值、对供应链主体和政府监管部门的信任程度、受教育水平、购买经历以及收入水平等变量都会对消费者的信任水平具有显著的影响作用。姜冰（2015）和施婧楠（2014）在进一步的归因分析中发现：奶牛养殖环节的规范产生水平及与相关主体的信息沟通程度是基于养殖户维度的显著性归因；乳制品生产和检测的规范水平、与消费者关系的处理以及关于产品质量信息的可追溯性是基于加工企业维度的显著性归因；监管部门信息质量公布、监管执行廉洁度以及对质量安全问题的关注度是基于政府维度的显著性归因。

1.4 婴幼儿奶粉消费者信心形成机理研究现状

施婧楠（2014）认为，消费者对食品供应链的信任（包括供应链中养殖户、生产企业、政府等监督管理机构、销售商和媒体的信任）会影响消费者对食品安全的信心。消费者认为整个食品供应链成员的诚实度、开放度和能力都是消费者食品安全信心的重要驱动因素。

消费者在食品安全事件上的经历会严重影响消费者对食品安全的信心。消费者对食品安全的信心来自其起初的期望值，如果预期的期望值与实际情况相符，那么其信心就会增加，如果预期的期望值与实际情况相悖，那么其信心会下降。而消费者如果亲身经历了消极的食品安全事件，其期望值会明显下降；消费者如果亲身经历了积极的食品安全事件，其期望值会明显上升。特别是食品安全事件涉及食品供应链上的成员时，比如监管部门由于检查力度不够、玩忽职守导致产生食品安全问题，消费者不止信心会下降，还可能会不再相信监管部门。媒体会报道食品安全事件的情况，这种报道会增加消费者对食品安全问题的关注度和感知情况。

Berg.L（2005）认为，食品供应商，即销售商（批发商、零售商等）在很大程度上影响着我国的食品安全，消费者对不同类型供应商可靠性做出的判断，会直接地影响到他们的购买决定。消费者对食品安全的信心依赖于对负责食品安全的不同成员的信任程度，并且他们对于食物控制当局的信任与他们对食品安全的信心呈正相关。

J. de Jonge（2008）提出，消费者对食品安全的信任相关的成员分别是农民、制造商、政府、销售商（指批发商、零售商等）。同时公众信任的程度在供应链成员中，如对农民、制造商和零售商以及监管机构的信任，可能会影响消费者在食品安全方面的信心。消极的食品安全事件对整个欧洲的农业部门具有深远的经济影响。当然，食品安全事件并不局限于欧洲，有全球共性。对食品安全增加的关注可能从负面影响了消费者对食品安全的感知或可能反映了消费者的担忧增加。

Van Kleef（2007）认为，消费者对食品风险管理的信任程度与他们对于食品质量的风险管理的整体判断正相关，一个积极的风险管理策略的作用在于优化消费者保护。应对潜在的负面经济和社会效应造成消费者在食品安全方面信心低下的问题，了解外部事件如何影响信心非常重要。

Janneke de Jonge（2004）提出，监控的产生和发展会使机构的活动和食品安全事件发生变化，并且消费者在食品安全方面的信心和消费者选择食品的行为也会发生变化。Peters发现， 制造商多关心和留意公众的感知会很明显地加强公众在环境决策方面的信任和信誉，而对于公民团体的感知能力更有影响力。这些结论表明，不同的信任维度从不同程度上影响信任，且都取决于食品供应链成员。因此，信任和一般消费者在食品安全上的信心依赖于食品供应链的成员和信任维度。

Janneke de Jonge（2004）认为，对于在食品安全信心方面消费者的经历和行为间的关系可以这样理解：提高对于公共政策的理解有效性，允许在风险沟通和风险管理上开展实践。关心和谨慎是最重要的信任维度。不同的角色都要专注于不同的信任维度，这样才能增强消费者在食品安全方面的信心。

Van Kleef E.， Houghton J. R.（2007）研究发现，消费者对食品风险管理的信任程度与他们对于食品质量的风险管理的整体判断正相关，一个积极的风险管理策略的作用在于优化消费者保护。

1.5　本章小结

　　本章通过文献回顾，了解消费者信心的定义及测量维度、影响因素及其变动机理，根据食品供应链特点以及前人的相关研究，对食品供应链消费者信心进行界定，并在前人研究成果的基础上，了解食品供应链的组成、类型以及食品供应链运营的外部环境，总结各个国家在不同类型食品安全事故发生时，消费者信心变动的规律。充分了解食品供应链消费者信心形成和变动的影响因素组成，以期在此基础上形成婴幼儿奶粉供应链消费者信心影响因素的框架，构建婴幼儿奶粉供应链消费者信心模型，用以研究婴幼儿奶粉供应链消费者信心形成和受损机理。

2 婴幼儿奶粉供应链消费者信心影响因素分析框架及数据收集

2.1 婴幼儿奶粉供应链消费者信心影响因素分析框架

从相关文献综述中，我们总结出共有三方面的因素对婴幼儿奶粉供应链消费者信心具有较大的影响，分别是消费者特征、外部认知和内部情感，结合婴幼儿奶粉供应链特点系统分析，建立婴幼儿奶粉供应链消费者信心影响因素分析框架如表2.1所示。

表 2.1　婴幼儿奶粉供应链消费者信心影响因素分析框架

消费者特征	人口社会学特征	性别
		年龄
		居住地
		家庭年收入
		最高受教育水平
		最小孩子年龄
	容忍度	营养成分小于质量标准
		细菌数超标
外部认知	质量认知	原料奶质量标准
		奶粉质量标准
		产品质量责任信任差
		服务质量责任信任差
		监管质量责任信任差

续表

		奶农
	供应链成员风险认知	收奶站
		婴幼儿奶粉生产商
		零售商
外部认知		性价比
		配方
	营销策略认知	购买渠道安全性
		供应链知名度
		包装
		消费体验
		正面信息
		监管部门
		专家
		行业协会
		媒体
		家人和朋友
	公共舆论导向	供应链自主宣传
		负面信息
		监管部门
内部情感		专家
		行业协会
		媒体
		家人和朋友
		供应链自主宣传
		问题处理
	补救措施	质量整改
		服务整改
		形象改善

2.2 样本数据

根据上节婴幼儿奶粉供应链消费者信心影响因素分析框架中的指标，设计婴幼儿奶粉供应链消费者信心影响因素调查问卷见附件1。以此对中国目前存在的3种类型供应链展开调查[3种供应链类型分别为国产婴幼儿奶粉供应链（DSC），原装进口婴幼儿奶粉供应链（IFSC）和进口分装婴幼儿奶粉供应链（ISSC）]。该调查通过问卷星网站进行问卷发布，数据搜集从2017年4月至10月。参与调查者为中国境内年龄从20～45岁的成年志愿者。回收的有效问卷为285个，本书采用因子分析法对这285个样本①进行分析，从而获得三类婴幼儿奶粉供应链消费者信心的主要影响因素，并进行比较分析。

2.3 本章小结

本章通过了解食品供应链消费者信心影响因素的一般分析维度，结合婴幼儿奶粉供应链消费者信心定义，及婴幼儿奶粉供应链及其环境特点系统分析，构建婴幼儿奶粉供应链消费者信心影响因素分析框架，并据此设计婴幼儿奶粉供应链消费者信心影响因素调查问卷，用于对目前我国3种类型婴幼儿奶粉供应链消费者信心影响因素进行调查。

---

① 其中有94张问卷填写人不知道所购买的婴幼儿奶粉属于哪种类型的供应键，被删除。

3 样本特征及研究方法

3.1 样本特征

3.1.1 消费者特征

消费者特征主要从消费者社会人口学特征和消费者性格特征两方面进行调查。消费者社会人口学特征主要包括性别、年龄、居住地、家庭年收入、受教育水平、最小孩子的年龄,调查结果见表3.1和表3.2。

表 3.1 消费者社会人口学特征和性格特征

特征	特征值	人数	百分比/%
性别	1	105	36.84
	2	180	63.16
年龄	1	118	41.4
	2	125	43.86
	3	32	11.23
	4	5	1.75
	5	5	1.75
居住地区	1	169	59.3
	2	54	18.9
	3	35	12.3
	4	10	3.5
	5	17	6

续表

特征	特征值	人数	百分比/%
家庭年收入	1	78	27.37
	2	70	24.56
	3	71	24.91
	4	28	9.82
	5	38	13.33
受教育水平	1	86	30.18
	2	109	38.25
	3	60	21.05
	4	18	6.32
	5	12	4.21
最小孩子年龄	1	13	4.56
	2	36	12.63
	3	170	59.65
	4	60	21.05
	5	6	2.11

表 3.2 消费者特征指数均值

质量安全事故	供应链	性别	年龄	居住地	家庭收入	最高学历	最小孩子年龄	容忍度类型 1	容忍度类型 2
		F1	F2		F3		F4	F5	
前	DSC	1.56	1.89	1.91	2.76	2.05	3.06	1.92	1.42
	IFSC	1.65	1.78	1.80	2.48	2.22	3.06	1.74	1.29
	ISSC	1.66	1.66	1.49	2.68	2.10	2.88	2.20	1.78
后	DSC	1.62	1.82	1.72	2.85	2.00	3.00	1.85	1.48
	IFSC	1.64	1.81	1.82	2.45	2.23	3.06	1.77	1.32
	ISSC	1.63	1.50	1.63	2.83	2.04	2.92	2.46	1.79

基于本研究的特点，消费者性格特征指消费者对于食品安全事故的容忍度。为保证数据完整，共调查了消费者对于5种不同严重程度的食品安全事故（营养成分低于质量标准、卫生不达标、含有害物质少量饮用无明显不良症状、含有害物质大量饮用有明显不良症状、含有害物质大量饮用造成终生伤害）的容忍度。从表3.3的问卷统计分析中可以看到，对于比较严重的食品安全事故类型3、4和5，有大于72.3%的消费者为零容忍，并且该3种食品安全事故发生的概率较小，所以本研究将消费者对于食品安全事故类型1和2的容忍度作为主要的消费者性格变量。

表 3.3　食品安全事故容忍度

容忍度	类型1 累计百分比	类型2 累计百分比	类型3 累计百分比	类型4 累计百分比	类型5 累计百分比
1.0	44.9	76.5	72.3	82.5	86.0
2.0	80.7	90.2	93.0	92.6	94.7
3.0	93.0	95.4	98.9	99.6	100.0
4.0	96.8	98.6	99.6	100.0	—
5.0	100.0	100.0	100.0		
合计	100.0	100.0	100.0	100.0	100.0

3.1.2　外部认知

根据供应链类型的不同，该问卷分别调查了消费者对于供应链及其外部环境、供应链成员、供应链营销策略的外部认知。从7个方面对于供应链及其外部环境进行了调查，分别是对于供应链相关成员质量安全责任的认知，对奶源质量标准、奶粉质量标准的信任程度，对于不同供应链婴幼儿奶粉产品、服务和监管的信任程度。对于供应链成员主要调查了消费者对不同供应链的不同成员的质量安全潜在风险的认知。根据不同供应链提升消费者信心的市场营销行为，我们选择供应链产品的性价比、婴幼儿奶粉配方重要性、购买渠道安全、供应链成员的知名度、包装和消费体验作为主要的供应链营销战略的4Cs调查变量。在购买渠道调查中，我们将所有存在的购买渠道都作为选项。通过式（3.1）来计算消费者购买渠道安全指标。

$$X_c = \sum_{i=1}^{n} W_i J_i / n \qquad (3.1)$$

式中，W_i——购买渠道安全性权重，用消费者对 i 渠道的选择频率作为变量，$1 \leqslant i \leqslant 7$;

J_i——消费者对于 j 渠道的选择，1 表示选择，0 表示不选；

n——该消费者选择购买渠道的总数，$0 \leqslant n = \sum_{i=1}^{7} j \leqslant 7$。

为了获得质量责任信任差 (X_{tr})，我们调查了消费者对于婴幼儿奶粉产品、服务和监管 3 个方面的责任认知：R_P，R_S 和 R_r，以及消费者对于这 3 个方面的信任程度：T_P，T_S 和 T_r。责任信任差的计算如下：

$$X_{TRj} = (R_i / \sum_{i=\overline{p},s,r} R_i)[\max(i) - T_i] / \max(i), \ i = p,s,r$$

3.1.3　情感因素

消费者的情感是由消费者在与公众舆论导向和供应链系统表现的多年重复博弈过程中形成的。消费者的情感主要从两个方面进行度量：公众舆论导向的信任度、对质量安全事故后供应链补偿和改善措施的满意度。关于公众舆论导向，根据信息的正负面特性，我们调查了消费者对于不同公众舆论来源的信任程度。具体的公众舆论来源主要包括监管者、专家、行业协会、媒体、家人和朋友、供应链企业自主宣传。对补偿措施的满意度主要包括 4 个方面：对于整个供应链的处理态度、处理速度、处理方法的满意程度，对于整个供应链产品质量改善的满意程度，对于整个供应链服务整改的满意程度，对于整个供应链形象改善的满意程度。

3.2 研究方法

首先采用描述统计学分析方法分析样本数据，从而了解书中所研究的相关变量的基本特征，并进行 3 种不同婴幼儿奶粉供应链相关变量的比较分析。接下来，对通过调查问卷获得的 3 种不同婴幼儿奶粉供应链的数据进行信度和效度的分析，判断进一步分析的可能性。在证实信度和效度达到标准后，分别对 3 种不同婴幼儿奶粉供应链进行因子分析，用以降低调查数据获得的婴幼儿奶粉供应链消费者影响因素的维度，并采用回归的方法计算 3 种不同婴幼儿奶粉供应链因子的值。

然后构建 3 种不同婴幼儿奶粉供应链消费者信任 log 模型，并利用因子值估计在质量安全事故发生前和发生后不同婴幼儿奶粉供应链消费者信任 log 模型。对不同婴幼儿奶粉供应链消费者信任 log 模型进行比较分析，比较分析主要包括两个方面：一方面是 3 种不同婴幼儿奶粉供应链消费者信任 log 模型在质量安全事故发生前和发生后的比较分析，从而发现婴幼儿奶粉供应链消费者信任形成和变动的机理；另一方面是某种婴幼儿奶粉供应链消费者信任 log 模型在质量安全事故前后的比较分析，用以发现不同婴幼儿奶粉供应链消费者信任在质量安全事故前后的形成和变动的特点，并估算在质量安全事故前后不同婴幼儿奶粉供应链消费者信任变动的大小和对该婴幼儿奶粉供应链消费者群体数量的影响，有针对性地为该婴幼儿奶粉供应链制订在发生质量安全事故后短期快速提升消费者信心的策略，以及在长期条件下，应该如何保持和提高消费者信心的策略。

最后使用 EDA 模型对国内婴幼儿奶粉供应链绩效进行分析和评价，并根据模型结果提出国内婴幼儿奶粉供应链绩效提升的策略。

3.3 本章小结

本章首先利用问卷调查数据，采用描述统计方法对消费者的基本特征进行分析，然后分析了消费者对不同类型的食品安全事故的容忍度，根据实际存在的情况，对消费者食品安全事故的容忍度进行分类；接下来对消费者对供应链及其环境的认知和情感数据进行简单处理，以适应后续因子分析所需数据类型的需要，为婴幼儿奶粉供应链消费者信心模型的构建和婴幼儿奶粉供应链消费者信心形成与变动机理的分析打下基础。

4　婴幼儿奶粉供应链消费者信心影响因素因子分析

　　基于调查数据，利用因子分析方法降低消费者信心影响因素维度，以涵盖问卷中所有相关问题的信息为标准提取影响因子，运用回归的方法计算所有因子得分，作为国产和进口婴幼儿奶粉供应链消费者信心 Logit 模型的解释变量。

4.1　因子分析结果

　　通过探索性因子分析方法分别对3种供应链的数据进行分析，其中，Bartlett's Test of Sphericity 显著性水平为0，KMO 为0.77大于0.7，见表4.1，符合因子分析对于信度和效度要求。经过正交旋转后的因子矩阵结果见附件2，其中显示的最小参数绝对值大于0.5，供应链因子分析结果见表4.2。根据特征值大于1的标准，3种供应链分别提取出了12个消费者信心影响因子，因子总方差贡献率大于66%。

表 4.1　因子分析检验

因子分析检验项目	DSC	IFSC	ISSC
KMO	0.827	0.770	0.789
Bartlett's Test of Sphericity 显著性水平	0	0	0

表 4.2 因子分析方差贡献率

SC	序号	消费者信心影响因子	总方差贡献率/%	消费者特征方差贡献率/%	外部认知方差贡献率/%	情感因素方差贡献率/%
DSC	1	公众舆论正负面信息信任度	22.403			22.403
	2	SC系统及环境认知+性价比	8.435		8.435	
	3	补救措施满意度	6.287			6.287
	4	SC成员风险认知（无零售商）	4.992		4.992	
	5	家人和朋友信任度	4.314			4.314
	6	年龄和居住地	3.939	3.939		
	7	家庭收入和受教育水平	3.465	3.465		
	8	供应链自主宣传负面信息信任度	3.186			3.186
	9	质量缺陷容忍度	2.984	2.984		
	0	零售商风险认知	2.839		2.839	
	1	消费体验	2.746		2.746	
		包装偏好	2.571		2.571	
合计	—	—	68.159	10.388	21.583	36.190
IFSC	1	公众舆论正面信息信任度	17.963			17.963
	2	公众舆论负面信息的信任度	8.195			8.195
	3	补救措施满意度	6.536			6.536
	4	SC系统及环境认知+性价比（无质量责任信任差）	5.995		5.995	
	5	SC成员风险认知	5.020		5.020	

续表

SC	序号	消费者信心影响因子	总方差贡献率/%	消费者特征方差贡献率/%	外部认知方差贡献率/%	情感因素方差贡献率/%
IFSC	6	家人和朋友信任度	4.051			4.051
	7	年龄和居住地	3.718	3.718		
	8	家庭收入和受教育水平	3.577	3.577		
	9	质量缺陷容忍度+购买渠道安全性	3.048	3.048/2		
	10	包装偏好	2.778		2.778	
	11	配方偏好	2.732		2.732	
	12	消费体验	2.635		2.635	
合计	—	—	66.248	8.819	20.684	36.745
ISSC	1	公众舆论负面信息信任度	19.044			19.044
	2	公众舆论正面信息的信任度	7.610			7.610
	3	补救措施满意度	7.212			7.212
	4	SC成员风险认知	5.111		5.111	
	5	SC系统及环境认知	4.984		4.984	
	6	家人和朋友信任度	4.004			4.004
	7	年龄和居住地	3.720	3.720		
	8	家庭收入和受教育水平	3.382	3.382		
	9	质量缺陷容忍度	2.927	2.927		
	10	性价比+消费体验	2.748		2.748	
	11	性别	2.684	2.684		
	12	配方偏好和购买渠道安全性	2.580		2.580	
合计	—	—	66.007	12.713	15.423	37.87

4.2 因子分析结果分析

4.2.1 社会人口学特征和性格特征

由表4.2可知，DSC 的消费者社会人口学特征和性格特征总体方差贡献率为10.388%，高于 IFSC 消费者的8.819%，低于 ISSC 消费者的12.731%。其中，消费者的年龄和居住地、家庭收入和受教育水平、质量缺陷容忍度是3个重要的因子。此外，对于 ISSC 婴幼儿奶粉，男性表现出更大的信心，然而对于来自 DSC 和 IFSC 的婴幼儿奶粉的消费不同性别的消费者之间的信心差距不显著。

消费者年龄和地域作为一个因子共同起作用。由表4.3可知，DSC 的消费者年龄相对较大，居住地相对偏远，而 IFSC 和 ISSC 消费者年龄相对较小，并且居住地相对集中在大中城市。

家庭年收入和受教育水平作为一个因子共同起作用。中国家庭的少子化现象使得有能力的父母对养育儿女的孩子给予资助较为普遍，会造成该因子作用的失真。于是对受教育水平和家庭年收入的统计数据进行了进一步的分析（见表4.3），结果表明 DSC 消费者的受教育水平最低，而同时家庭年收入统计数据显示，选择 DSC 产品的消费者家庭年收入水平是3组中最高的，IFSC 消费者的家庭年收入水平是最低的。那么是不是家庭收入水平越高的消费者越愿意购买 DSC 的产品呢？本研究的问卷中同时做了没有资金限制时消费者的选择调查，结果见表4.4，当没有资金限制时，83.51%的消费者将选择 IFSC 产品，8.42%的消费者将选择 ISSC 产品，仅有8.07%的消费者选择 DSC 产品。

表 4.3　不同供应链消费者社会人口学和性格特征均值

消费者类型	DSC	IFSC	ISSC
性别	0.56	0.65	0.66
年龄	0.89	0.78	0.66
居住地	1.91	0.8	1.49
教育水平	2.05	2.22	2.1

续表

家庭年收入	2.76	2.48	2.68
最小孩子年龄	3.06	3.06	2.88
容忍度（质量缺陷1）	1.92	1.74	2.2
容忍度（质量缺陷2）	1.42	1.29	1.78

消费者对于两种质量缺陷的容忍度作为一个因子共同起作用，表4.3的数据表明 DSC 的消费者的质量缺陷的容忍度居中。如表4.4所示，当 IFSC 消费者无资金限制时，从消费者的选择来看，DSC 和 ISSC 消费者较高的容忍度很大可能是由于资金和渠道的条件限制不得已而为之的结果。

表 4.4　无资金限制时消费者的选择

消费者的选择	选择频率	占总人数的百分比/%
DSC	23	8.07
IFSC	238	83.51
ISSC	24	8.42
合计	285	100

随着我国经济不断发展，社会不断进步，消费者的特征值也将发生改变：消费者收入水平和受教育水平会不断提高，消费者逐渐向大中城市聚集，年轻的一代不断成长，20～45岁消费者对于质量缺陷产品的容忍度也将不断下降，这些变化都将进一步降低消费者对于DSC婴幼儿奶粉的消费信心。由以上分析可知，DSC婴幼儿奶粉消费者信心不进则退。

4.2.2　外部认知

由表4.2可知，不同供应链（SC）消费者外部认知的总因子方差贡献率大于社会人口学特征总因子方差贡献率，分别为 DSC21.583%，IFSC20.684%，ISSC15.423%。消费者外部认知因素对 DSC 消费者信心影响最大，IFSC 次之，ISSC 最小。

尽管不同供应链的成员不完全相同，但是供应链成员的风险认知作为一个综合因子起作用，只是DSC消费者对经销商的风险认知单独作用，并且因子贡献率小于其他供应链成员的4.992%，为2.839%。可以认为与IFSC和ISSC相比，DSC销售渠道相对简单并且其物流地域跨度和环节较少，降低了经销商风险对消费者信心的负面影响。

在对供应链总体认知中，DSC 消费者和 IFSC 消费者的相同点在于供应链系统及环境认知[原料奶质量标准和奶粉质量标准的认知（符号为+)，对于供应链产品质量、服务和监管的责任信任差（符号为 –)]和产品的性价比是共同起作用的，ISSC 消费者对供应链系统及环境的认知单独起作用，但产品性价比需要与消费体验作为一个因子起作用。DSC 消费者该项因子方差贡献率高达8.435%，而 IFSC 和 ISSC 消费者该项因子方差贡献率仅为5.995%和4.984%。中国与新西兰和澳大利亚两个乳品出口大国签订了自贸协定后，随着进口婴幼儿奶粉和原料粉进口关税的进一步下降，如果在保持 SC 利润不变的情况下，提高正规渠道进口的 IFSC 及 ISSC 婴幼儿奶粉的性价比，减小消费者通过跨国代购配方不一定符合中国宝宝需求的顾虑，将进一步增加了消费者对 IFSC 和 ISSC 的消费信心。从 IFSC 的因子分析表（见附件1）中可以看到，供应链产品质量责任信任差不起作用，可以认为 IFSC 产品由于长期的良好质量记录，使得消费者对于 IFSC 产品质量信任责任差，不再对消费者信心起负面作用。进一步证实了 Bocker 和 Hanf（2000）的观点，即高水平的信任是对消费者信心最有效的保护。因此，利用 DSC 成员都在国内的优势，打造良好的 DSC 系统和环境，并有效地提高消费者认知度和信任度将有利于提升 DSC 消费者信心。

消费体验对于3种供应链的消费者信心都有显著影响，并且因子方差贡献率基本相同，DSC提升消费者信心的关键就在于是否能够给予消费者更好的消费体验。由统计数表4.5可知，3种供应链消费者有过消费体验的，DSC为33.33%，IFSC为41.01%，ISSC为41.46%。

表 4.5　不同供应链消费体验百分比

供应链类型	DSC	IFSC	ISSC
消费体验/%	33.33	41.01	41.46

从供应链营销策略来看，作为 DSC 发展的重要战略转型方式，ISSC

发展时间较短,对于供应链产品的性价比还没有与供应链系统及环境认知的作用固化在一起,还需要更多的消费体验来进一步证实。DSC 和 IFSC 消费者的体验则单独作为一个因子起作用。除了消费体验外,对于 DSC 和 IFSC 的消费者来说,包装是一个重要的影响因子,不同的是因子载荷的符号分别为负和正,也就是说,对于 IFSC 消费者来说,包装越好消费者越有信心,对于 DSC 消费者则相反。可以理解为 IFSC 产品的物流路途漫长,环节较为复杂,消费者需要更好的包装保障,而 DSC 是3种供应链中物流路途最短,环节最简单的,消费者更关注产品质量,更好的包装不能有效地提升消费信心,反而产生"金玉其外败絮其中"的嫌疑,造成负面影响。ISSC 消费者还重视配方的重要性和采购渠道的安全性,这两者作为一个因子共同作用。IFSC 也重视配方的重要性和采购渠道的安全性,其中配方的重要性是一个独立因子,而渠道的安全性则和消费者对于质量安全事故容忍度共同作用。表明 IFSC 消费者具有对质量安全事故的容忍度低,并且很重视购买渠道安全性的特征。IFSC 消费者购买渠道数据统计(见表4.6)结果也表明,由于专卖店的价格比较高,更多人选择了安全并且价格更低的亲朋好友海外代购的方式。

表 4.6　IFSC 消费者购买渠道选择分布

渠道类型	选择人数	选择百分比
亲朋好友海外代购	138	37.30%
网络个人店铺	46	12.43%
网络旗舰店	55	14.86%
国内进口奶粉超市	113	30.54%
普通超市	13	3.51%
哪方便去哪	5	1.35%

4.2.3　情感因素

由表4.2可知,情感因素对不同 SC 消费者信心的总因子方差贡献率如下:DSC 为36.190%,IFSC 为36.745%,ISSC 为37.870%,表明情感因素对于任何一个供应链来说对消费者信心影响都最大。

　　不同点在于① 公众舆论信息信任度中的对家人和朋友的正负面信息信任度为独立因子， DSC 的消费者对家人和朋友的信任度因子方差贡献率为4.314%，大于 IFSC（4.051%）、ISSC（4.004%），表明 DSC 消费者比其他供应链消费者更加依赖于从自己的家人和朋友圈获得消费信心。② DSC 的消费者公众舆论的信任度综合因子中不包括供应链企业自主宣传的正负面信息。消费者对供应链企业正面自主宣传的信任度对于 DSC 消费者信心的载荷为零，而对供应链企业负面自主宣传信任度则作为一个独立的因子起作用，因子方差贡献率为3.186%。该结果可以理解为 DSC 消费者经历了国产婴幼儿奶粉大大小小多次的质量安全事故，对供应链企业正面宣传的信任度不再对消费者信心产生显著的影响，而对于供应链企业负面自主宣传的信任度则影响显著。这也进一步印证了 Liu，等学者（1998）的观点：在进行消费决策时，信息是具有不对称性的，负面信息会被消费者立刻加入考虑的范围内。③ DSC 的消费者公众舆论信任度综合因子中对正面和负面信息的信任是共同起作用的，因子方差贡献率为22.403%。该现象表明，对于公众舆论正面和负面信息的信任在 DSC 消费者信心的形成过程中经历了复杂纠结的分析和判断过程。IFSC 和 ISSC 两者的公众舆论对正面和负面信息信任度综合因子是分别起作用的，即存在公众舆论正面信息信任度综合因子和公众舆论负面信息信任度综合因子。此外，IFSC 消费者对于公众舆论正面信息可信度综合因子方差贡献率为17.963%，影响力更大，消费者对于公众舆论负面信息的信任度综合因子方差贡献率仅为8.195%，影响力大幅减弱。而 ISSC 则恰恰相反，消费者对于公众舆论负面信息信任度综合因子方差贡献率为19.044%，影响力更大，消费者对于公众舆论正面信息信任度综合因子方差贡献率仅为7.610%，影响力大幅减弱。该结果表明这两个供应链的消费信心在形成的过程中对公众舆论正负面信息信任度的处理过程是大不相同的。IFSC 的消费者是在正面公众舆论多的里面选负面公众舆论少的，而 ISSC 则是在负面公众舆论少的里面选正面公众舆论多的。④ DSC，IFSC，ISSC 消费者对于补救措施的满意度是独立因子，因子方差贡献率分别为6.287%，6.536%，7.212%。其中 DSC 的消费者补救措施满意度因子方差贡献率小于 IFSC，ISSC，该结果表明同样的补救措施满意度，但是对于 DSC 消费者来说，消费信心提升能力要小于其他供应链。Liu, et al.（1998）和 Bocker

和 Hanf（2000）的研究都表明，食品安全事故之后都会在短期内出现大幅度的信心缺失，然后是缓慢的不完全的恢复。在公众舆论中，除了企业自主宣传（排除非法手段），其他因素都是供应链无法控制的。一旦出现质量安全事故，IFSC 和 ISSC 还可以利用消费者对于企业自主宣传的信任和对补救措施的满意度来恢复和保持消费者信心，而 DSC 企业的正面宣传对消费者信心不起作用，只有踏踏实实地做好补救措施才是短期内有效地部分恢复消费信心的重要路径。

4.3 本章小结

本章在问卷数据和第 3 章数据处理的基础上，对所获得的数据进行信度和效度分析，在调查数据的信度和效度值通过信度和效度验证的基础上，分别对 3 种类型的婴幼儿奶粉供应链消费者信心影响因素进行了因子分析，以降低婴幼儿奶粉供应链消费者信心变动机理分析的变量维度。通过因子分析以尽量涵盖所有影响因素信息为原则，3 种类型供应链分别获得 14 个影响因子，并采用回归分析的方法获得因子得分，用于婴幼儿奶粉供应链消费者信心变动模型的估计和分析。

5 婴幼儿奶粉消费者信心模型构建及估计结果分析

5.1 婴幼儿奶粉消费者信心模型假设

假设：消费者信心为 p，当 $p \geqslant 0.5$ 时，消费者选择购买，$\mathrm{logit}\ (p)$ 取值为 1；当 $p \leqslant 0.5$ 时，消费者选择不购买，$\mathrm{logit}\ (p)$ 取值为 0。据此构建基于供应链的消费者信心模型为

$$\mathrm{logit}\ (p) = \ln\left[p/(1-p) \right] = \beta_0 + \beta_1 x_1 + \cdots + \beta_{15} x_{15}$$

式中 β_0——消费者基础信心短期内不发生变动的常数项，

$$\mathrm{logit}\ (p_0) = \ln\left[p_0/(1-p_0) \right] = \beta_0, \quad p_0 = \frac{\mathrm{e}^{\beta_0}}{1+\mathrm{e}^{\beta_0}} ;$$

$\beta_1 x_1 + \beta_2 x_2 + \cdots + \beta_{15} x_{15}$——消费者可变信心，是随着解释变量变动而变动的。

设 $\mathrm{logit}\ (p_v) = \ln\left[p_v/(1-p_v) \right] = \sum_{i=1}^{15} \beta_i x_i$

式中 $p_v = \dfrac{\mathrm{e}^{\sum_{i=1}^{15} \beta_i x_i}}{1+\mathrm{e}^{\sum_{i=1}^{15} \beta_i x_i}}$

由公式推导可知：$p = \dfrac{p_0 p_v}{1 - p_0 - p_v + 2 p_0 p_v}$

消费者信心 p 由短期不变的基础信心和短期变动的可变信心两部分组

成，消费者信心的形成不是两部分简单相加，还要经过复杂的合成响应。由于 p_0 短期内不发生变动，我们将 p 对 p_v 求导可知：

$$(p)'_{p_v} = \frac{p_0(1-p_0)}{(1-p_0-p_v+2p_0p_v)^2} \geqslant 0$$

表明随着 p_v 的增加，消费者信心 p 按照斜率 $\dfrac{p_0(1-p_0)}{(1-p_0-p_v+2p_0p_v)^2}$ 增加。

根据所构建的模型，利用上一章因子分析中采用回归方法获得的因子数值，对 3 种婴幼儿奶粉供应链消费者信心 Logit 模型进行估计，并对结果进行分析，具体过程如下。

5.2　国内婴幼儿奶粉供应链 Logit 模型估计结果

利用 SPSS 软件，我们对质量安全事故发生前后国内婴幼儿奶粉供应链（DSC）Logit 模型进行了估计，估计结果如表 5.1 所示。

表 5.1　模型基本状况检验

质量安全事故	− 2 Log likelihood	Cox & Snell R Square	Nagelkerke R Square
前	166.020[①]	0.393	0.595
后	142.133[②]	0.249	0.458

注：① 由于参数估计值的变化小于 0.001，因此估计终止于迭代 6。
　　② 由于参数估计值的变化小于 0.001，因此估计终止于迭代 7。

从质量缺陷发生前和发生后的模型总结来看，Nagelkerke R2 分别为 0.595 和 0.458，分别解释了模型的 59.5% 和 45.8% 的随机变化。可以用此模型做进一步的估计和分析。

由表 5.2 可见，利用该模型对质量缺陷发生前后的消费者选择的预测准确率分别达到 86.3% 和 88.1%，因此该模型可以用于进一步的分析和粗略的预测。

表 5.2　模型预测结果

质量安全事故	观测值		预测值		
			DSC		正确率/%
			0	1.0	
前	DSC	0	204	15	93.2
		1.0	24	42	63.6
	百分比/%				86.3
后	DSC	0	239	8	96.8
		1.0	26	12	31.6
	百分比/%				88.1
切割值为0.500					

　　从国内婴幼儿奶粉供应链消费者信心模型估计结果表5.3可知，质量安全事故前后，消费者基础信心参数从－2.091变动到－3.006，消费者可变信心影响因素子集中，影响消费者信心的变量由8个变为7个。质量安全事故发生前后，消费者可变信心影响因素子集中的变量参数发生了变动，参数为正的变量，参数的绝对值变小，参数为负的变量，参数的绝对值变大了。具体变量参数变动如表5.4所示。

表 5.3　模型估计结果

质量安全事故	变量	B	S.E.	Wald	df	Sig.	Exp（B）
前	F（6+7+8+9+11）	－ 0.765	0.219	12.161	1	0	0.465
	F21	－ 0.438	0.211	4.302	1	0.038	0.645
	F3	－ 0.887	0.227	15.307	1	0	0.412
	F10（2）	－ 0.434	0.193	5.078	1	0.024	0.648
	F16	0.993	0.223	19.789	1	0	2.699
	F15	1.096	0.203	29.270	1	0	2.992
	F12	0.956	0.205	21.800	1	0	2.602
	F4	0.503	0.206	5.934	1	0.015	1.653
	小计	－ 2.091	0.259	65.174	1	0	0.124

续表

质量安全事故	变量	B	S.E.	Wald	df	Sig.	Exp（B）
后	F（6+7+8+9）	− 0.842	0.244	11.939	1	0.001	0.431
	F21	− 0.711	0.254	7.860	1	0.005	0.491
	F3	− 1.064	0.257	17.150	1	0	0.345
	F10（2）	− 0.403	0.209	3.732	1	0.053	0.668
	F16	0.469	0.228	4.211	1	0.040	1.598
	F15	0.876	0.219	16.023	1	0	2.402
	F12	0.614	0.220	7.821	1	0.005	1.848
	小计	− 3.006	0.353	72.356	1	0	0.050

显著性水平 α =0.05

表 5.4　变量参数变动

质量安全事故	F（6+7+8+9+F11）	F21	F3	F10（2）	F16	F15	F12	合计
前	− 0.765	− 0.438	− 0.887	− 0.434	0.993	1.096	0.956	− 2.091
后	− 0.842	− 0.711	− 1.064	− 0.403	0.469	0.876	0.614	− 3.006
差值	0.077	0.273	0.177	− 0.031	0.524	0.220	0.342	0.915

5.3　原装进口（IFSC）婴幼儿奶粉供应链 Logit 模型估计结果

利用 SPSS 软件，我们对质量安全事故发生前后原装进口婴幼儿奶粉供应链（IFSC）Logit 模型进行了估计，估计结果如表 5.5 所示。

表 5.5　模型估计结果检测

质量安全事故	− 2 Log likelihood	Cox & Snell R Square	Nagelkerke R Square
前	215.687[①]	0.433	0.590
后	284.793[②]	0.319	0.426

注：①由于参数估计值的变化小于 0.001，因此估计终止于迭代 5。
　　②由于参数估计值的变化小于 0.001，因此估计终止于迭代 4。

　　从质量安全事故发生前和发生后的 Logit 模型总结来看，Nagelkerke R^2 分别为 0.590 和 0.426，分别解释了模型随机变动 59.0% 和 42.6%。可以用此模型做进一步的估计和分析。

　　由表 5.6 可见，利用该模型对质量缺陷发生前后的消费者选择的预测准确率分别达到 84.2% 和 78.9%。该模型可以用于进一步的分析和粗略的预测。

表 5.6　模型预测结果[①]

质量安全事故	观测值		预测值		
			IFSC		正确率/%
			0	1.0	
前	IFSC	0	80	27	74.8
		1.0	18	160	89.9
	百分比/%				84.2
后	IFSC	0	105	30	77.8
		1.0	30	120	80.0
	百分比/%				78.9

注：① 切割值为 0.500。

　　从原装进口（IFSC）婴幼儿奶粉供应链消费者信心模型估计结果（见表 5.7）可知，质量安全事故前后，消费者基础信心参数从 1.028 降低到 0.183，消费者可变信心影响因素子集中所包括的变量与 DSC 婴幼儿奶粉供应链消费者信心模型中消费者可变信心影响因素子集中所包括的变量是不同的。影响消费者信心的变量由 6 个变为 7 个。质量安全事故发生后，消费者可变信心影响因素子集中的变量参数发生了变动，参数为正的变量，参数的绝对值变小，参数为负的变量，参数的绝对值也变小了。具体变量参数变动如表5.8。

表 5.7 模型估计结果

质量安全事故	变量	B	S.E.	Wald	df	Sig.	Exp(B)
前	F17	1.234	0.221	31.210	1	0	3.434
	F18	− 0.843	0.211	15.952	1	0	0.431
	F3	0.665	0.181	13.480	1	0	1.945
	F5	− 1.674	0.228	54.059	1	0	0.187
	F15	0.464	0.169	7.519	1	0.006	1.591
	F1	− 0.906	0.190	22.680	1	0	0.404
	总计	1.028	0.195	27.844	1	0	2.797
后	F17	0.830	0.170	23.930	1	0	2.292
	F18	− 0.394	0.165	5.718	1	0.017	0.675
	F10	0.331	0.148	4.980	1	0.026	1.392
	F3	0.456	0.149	9.313	1	0.002	1.577
	F5	− 1.126	0.177	40.350	1	0	0.324
	F15	0.387	0.148	6.896	1	0.009	1.473
	F1	− 0.508	0.154	10.912	1	0.001	0.602
	总计	0.183	0.148	1.539	1	0.215	1.201

表 5.8 变量参数变动

变量	F17	F18	F3	F5	F15	F1	总计
质量安全事故前	1.234	− 0.843	0.665	− 1.674	0.464	− 0.906	1.028
质量安全事故后	0.830	− 0.394	0.456	− 1.126	0.387	− 0.508	0.183
差值	0.404	− 0.449	0.209	− 0.548	0.077	− 0.398	0.845

5.4 原料进口分装婴幼儿奶粉供应链 Logit 模型估计结果

利用 SPSS 软件，我们对质量安全事故发生前后原料进口分装婴幼儿奶粉供应链（ISSC）Logit 模型进行了估计，估计结果如表 5.9。

表 5.9　模型估计结果检验

质量安全事故	− 2 Log likelihood	Cox & Snell R Square	Nagelkerke R Square
前	181.941[①]	0.169	0.302
后	96.203[②]	0.053	0.163

注：① 由于参数估计值的变化小于 0.001，估计在迭代 6 处终止。

从质量安全事故发生前和发生后的 Logit 模型总结来看，Nagelkerke R^2 分别为 0.302 和 0.163，分别解释了模型随机变动 30.2% 和 16.3%。可以对此模型做进一步的估计和分析。

由表 5.10 可见，利用该模型对质量缺陷发生前后的消费者选择的预测准确率分别达到 84.6% 和 95.1%。该模型可以用于进一步的分析和粗略的预测。

表 5.10　模型预测结果

质量安全事故	观测值		预测值		
			ISSC		正确率/%
			0	1.0	
前	ISSC	0	236	8	96.7
		1.0	36	5	12.2
	百分比/%				84.6
后	ISSC	0	271	0	100.0
		1.0	14	0	0
	百分比/%				95.1

注：① 切割值为 0.500。

从原料进口分装婴幼儿奶粉供应链（ISSC）消费者信心模型估计结果
（见表5.11）可知，质量安全事故后，消费者基础信心参数从－2.488降低到
－3.433，消费者可变信心影响因素子集中所包括的变量与IFSC和DSC婴幼
儿奶粉供应链消费者信心模型中消费者可变信心影响因素子集中所包括的
变量不同。影响消费者信心的变量由6个变为2个。这两个变量都正向影响
消费者信心，负向影响消费者信心的变量都被从可变信心影响因素变量子
集中删除了。质量安全事故发生前后，消费者可变信心影响因素子集中的
变量参数发生了变动，参数为正的变量，参数的绝对值变小，参数为负的
变量，参数的绝对值也变小了变动很小，小于1%。具体变量参数变动如表
5.12所示。

表 5.11 模型估计结果

质量安全事故	变量	B	S.E.	Wald	df	Sig.	Exp（B）
前	F17	－0.496	0.229	4.689	1	0.030	0.609
	F21	－0.868	0.285	9.278	1	0.002	0.420
	F10	0.413	0.194	4.550	1	0.033	1.511
	F20	0.682	0.202	11.400	1	0.001	1.978
	F5	0.547	0.169	10.460	1	0.001	1.729
	F12+F13	0.801	0.193	17.258	1	0	2.228
	总计	－2.488	0.276	81.134	1	0	0.083
后	F5	0.523	0.225	5.414	1	0.020	1.686
	F12+F13	0.826	0.265	9.711	1	0.002	2.285
	总计	－3.433	0.376	83.491	1	0	0.032

表 5.12 变量参数变动

变量	F5	F12+F13	小计
质量安全事故前	0.547	0.801	－2.488
质量安全事故后	0.523	0.826	－3.433
差值	0.024	－0.025	0.945

5.5 本章小结

本章基于食品供应链消费者信心变动理论的梳理，和婴幼儿奶粉供应链实际情况分析，提出影响假设，构建婴幼儿奶粉消费者信心模型，并利用在第 4 章因子分析中获得的不同供应链消费者信心影响因子的值，对 3 种类型婴幼儿奶粉供应链消费者信心模型进行估计。估计结果表明，3 种供应链都通过显著性检验，模型可以用于进行分析和粗略的预测。

6　基于供应链的婴幼儿奶粉消费者信心影响因素比较分析

6.1　婴幼儿奶粉消费者信心影响因素系统分析

6.1.1　食品安全

安全是产品质量的主要组成部分，消费者眼中对质量安全下降的感知会导致敏感度增大，发现并放大进一步感知的缺陷，从而导致消费者做出更加强烈的反应倾向。产品安全影响消费者决策，这在药品和食品等产品中尤其明显，这些产品的安全缺陷可能对消费者健康产生重大影响（陈，2008）。产品和服务综合商品也是如此，例如医院护理或航空旅行（尽管这些例子超出了本书的范围）。

对供应链质量、安全性、可靠性和完整性的认知也影响消费者决策。供应链特征越来越多地用于产品差异化，并被纳入消费者决策和价格/价值战略（Roseman 等，2006）。供应链中任何地方的质量问题都会导致消费者产生信心降低和价值降低的感觉，从而导致消费者转向"更有价值"的品牌，减少总体消费，或转向替代产品（Alfnes 等人，2008）。

在食品分销市场上，主要由消费者及其代理人做出选择，他们依靠官方或非正式的信息渠道来评估安全性。许多加工食品也广泛地（有时是全球）以统一的品牌形式分布。因此，食品的广泛分布和主要健康影响可能受到公众对消极安全观念的大规模反应（Fife – Schaw 和 Rowe，1996）。因此，这些失效以及对它们的反应和从它们中恢复，代表了内在的重要研究领域，并且是研究这种现象的敏感主题。

即使是短暂的食品质量问题也严重损害了对特定产品的完整性和可取性的总体认识（Gardner，2003；Roth 等，2008），结果是消费者转向替代品或减少消费。当事件已经过去并且质量重新建立后，可以观察到消费者快速地恢复到正常购买模式（Mo，2013）。然而，如果质量缺陷造成了严重的损害，则表明存在更深层次的问题，影响消费者对市场或产品的信任，或者这一问题被视为系统性的，那么往往会使消费者的购买行为发生长期变化。即使问题解决了，这也可能对品牌造成永久性的损害，对消费者行为产生持久的改变（Alsem 等，2008；Liu 等，1998）。这些变化扰乱、修改甚至摧毁了整个市场及其相关供应链，正如一些全球性的质量安全事故所显示的那样（Knowles 等，2007）；Primand，2013）。

食品质量丑闻是最严重的食品质量安全事故之一。它们得到广泛的、有时是全球性的媒体宣传，对于消费者信心特别有威胁性，因为它们让消费者感觉供应链完全失去了对于产品质量的控制，感觉现有质量/安全保证机制遭到了实质性的破坏。这是一种危险的情况，很可能会进一步升级，因为社会媒体宣传实际上助长了这一感知，使事件更难管理。甚至在可接受的质量回复之后，依然很难重新建立信任（Pennings 等人，2002）。

6.1.2　消费者决策：基于质量的视角

消费者进行每笔交易的目的都在于获取高价值质量或者消费结果。质量在此具有非常特定的含义，通常被定义为目的的适应性（Reeves 和 Bednar，1994）。从经济角度来看，价值代表产品/服务可以带来的好处（Ravald 和 Grnroos，1996）。

通过消费者们的决策，包括他们进行的消费交易，消费者是在寻求最大化他们获得的价值，同时仍然获得可接受的质量。由此推论，产品的价值与消费者所付出的代价也是相互关联的。具体而言，消费者通过以给定成本获得最佳质量来寻求"最佳价值"，这是一种基于"合理性"的方法。也就是说，消费者自己制定出最佳公式。① 他有时参与寻求最高价格的活动，以此作为实质性的质量保证。这种方法基于"推断"，消费者从价格中推断质量。② 他也可以通过寻求最低（安全）的短期价格来显示价格厌恶，这是一种由风险厌恶驱动的策略，其中消费者旨在减少成本风险。（Bow.，

1982；Jeong 和 Lambert，2001；Zeithaml，1988；Tellis 和 Gaeth，1990）。

在考虑成本时，消费者对所感知的成本做出反应。这不是一个简单的金额，但是代表了消费者购买产品必须承担的所有成本，包括金钱、时间、机会、感知风险、便利性和个人特有的许多其他因素（Zeithaml，1988）。消费者别无选择，只能在有关替代品的质量、价值，有时还有产品真实成本不完整信息的条件下做出购买/消费决策。关于质量，如 Einhorn 和 Hogarth（1987）所建议的那样，消费者基于确定性水平（对产品的结果的完全了解）、不确定性（仅对各种结果的概率分布的知识）和模糊性（不清楚质量安全概率分布的情况下）来评估相关的风险成本。

显然，对于消费者来说，评估票面价格和产品的特征只是决策方程的一个组成部分。当信息被认为是不完整的（大多数情况如此）时，即使消费者对产品有经验，他们也不一定做出理性的反应（Tellis 和 Gaeth，1990）。他们往往依赖其他重要的信息输入。特别地，这些信息包括相关联的交易，如那些通过非经济机构，家庭、朋友和其他可信的社会网络发生的。他们还从可信任的文献、媒体和其他可用来源寻求信息（Simpson 和 McGrimmon，2008）。这些都有助于消费者对产品质量做出推论。对相关联交易的依赖不是恒定的，而是取决于个人消费者（对陌生人）的信任程度。"低信任者"会选择相关联交易，也许成本更高，而"高信任者"会放弃这个网络来追求更合理、潜在更低价格的方法（Simpson 和 McGrimmon，2008）。

评估产品价值的不确定性会产生消费者在做出决定时必须承担的风险。风险通常可被描述为事件或活动的不确定结果，该事件或活动与人类所重视的事物有关（Kaplan，1991；ISO，2002）。Aven 和 Renn（2009）把风险扩展为"关于人类所重视事物的活动结果的不确定性和严重性"。这改变了风险的焦点，从仅仅高或低，到评估风险对特定情况、交易和时间的特定影响。许多项目经理认识到这一点并对风险进行了定义，他们将风险分成 3 个部分：风险发生的可能性，如果风险发生将产生的影响，避免/减轻风险的容易程度/成本（Willams，1994）。消费者也似乎采取这种实用的方法（米切尔，1999）。因此，在评估风险时，他们还评估与质量相关的故障的影响和可能性以及如何管理这些故障。这可能导致决策的变化取决于产品。对于那些发生了质量安全事故后，造成的后果比较严重的产品，他们将以不同的方式考虑风险，并可能改变其决策过程（Jonge 等，2004）。

刘等人（1998）将风险感知和评估与消费者信心联系起来。消费者在媒体报道的基础上不断更新他们的风险感知，凸显出正负信息对消费和风险感知的调整具有强烈的不对称影响。来自消费者的期望和满意结果与信任和他们的信心密切相关。

6.1.3　法规及其在质量评估中的作用

自由市场是忙乱和混乱的，消费者必须消化、过滤和理解许多经常冲突的信号，使用潜在的有偏见的信息源（例如供应商本身）。正是由于这个原因，监管和独立分析是政府职能的核心部分，也是维持市场正常运转的核心（Henson 和 Traill，1993）。从地方到国际，几乎所有辖区的政府及其机构都通过建立法律和各种规范规定包括安全在内的质量标准（Brom，2000）。这些功能可以通过标签、测试和执行以及公共通信渠道来实现。

如果政府规章和控制被视为政治性的，或被视为无能、无效、不诚实或缺乏独立性的，那么其作用的可信度就会受到质疑并被削弱。然后，消费者通过更多地转向相关联交易，并依靠替代信息网络或替代来源和市场来寻求补偿或避免暴露，例如从高成本信誉来源购买进口货物，或在国外购买（Juric 和 Worsley，1998）。

6.1.4　品牌与质量

品牌是消费者决策的重要影响因素。通过有效地利用，品牌可以塑造产品及其供应商的品质形象，帮助突出和整合其优点和特征。消费者对品牌的忠诚常常表现在：① 消费者有（比如非随机）偏好，② 对他们的决定做出行为反应，③ 这种反应可持续一段时间，④ 他们基于某种框架做出这个决定，⑤ 他们选择一个品牌而不是其他品牌，⑥ 他们选择一个品牌，使用心理评估过程做出决定。在操作上，品牌忠诚可以保证消费者支付更多（Jacoby，1971；Jacoby 等人，1978；Reichheld 等人，1996）和/或增加消费，促进正在进行的交易（Upshaw，1995）。

品牌需要大量的时间、精力和费用来建立和维护。它们是通过创建潜在客户可识别的身份和意识来建立的。品牌识别和认知都是通过与产品体验的连接来构建品牌的"含义"，从而产生强烈而独特的联想。消费者自身在接触品牌时不断地为品牌的地位做出贡献（Keller，2001），这是一个反复的、动态的过程。价值观与品牌有联系，事实上，这些术语可以被看作是同义词。也就是说，一个有效的品牌为消费者提供了易于接受的价值、成本和质量的评估。

品牌必然会发展出信誉，客户相信某品牌会始终如一地提供特定品质的产品，这是基于客户对过去行为的认知，通过产品推广的一致性、直接和间接经验以及提供产品的公司所传达的信息得出的（Afzal等，2010）。品牌显然是质量、价格和其他因素（如保修或客户安全网）之外的独立维度，它本质上是与产品有关的过去行为的总和（HeBug和MieWiz，1995）。

虽然"有信誉"的品牌可以减轻质量问题的影响（Sporleder 和Goldsmith，2001），但是这种方式有一定的局限性。事实上，品牌可能很容易被形成该品牌相关的任何不和谐因素造成损害。对营销人员来说，挑战在于品牌影响因素影响着整个品牌相关的产品/服务、客户感知以及他们复杂的实时交互。当感知的和真实的经验信息在市场中出现时，价值和质量感知不仅由品牌定义，而且可能会反过来影响品牌。更复杂的是，这种影响可能是异步的，这个过程被称为滞后（Cross，1993），滞后系统一旦失去平衡就很难控制。显然，品牌管理涉及许多因素，是一个非常复杂的现象，但无论如何，对于产品成功的各个方面来说，它都是重要的核心和关键所在。

在 Ling 等人（2015）易变的消费者模型中，消费者是一个不断思考的人，他的决定会随着时间和空间而改变（见图6.1）。

这个模型解释了如何建立品牌忠诚度，以及结合这一点，消费者信心通过实际经验和积极的反馈使用促销信息（Kucuk，2005）。

品牌产生客户的期望，如果满足，那么客户是"满意"的。顾客满意被有效地定义为顾客对产品质量的购后评估（Kotler，1991）。它被供应商广泛用于帮助控制操作的质量，并积极影响客户再次购买的意向。满意度受顾客的具体期望、感知的质量和随后的任何不确认（未能满足购买前的期望）的影响（Bagozzi 和 Yi，1991）。后者对顾客满意度的影响大于预购质量感知。

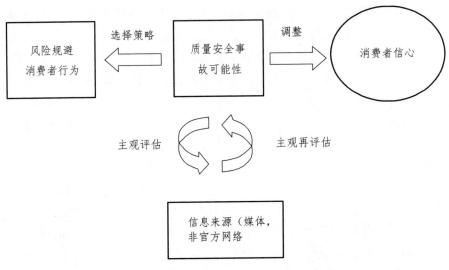

图 6.1   可变消费者模型（Ling 等人，2015）

高顾客满意度也有助于树立品牌（Buttle 和 Burton，2002），提高其感知的声誉和提供一定程度的顾客忠诚度，这本身有助于避免顾客在失信时进行品牌切换（Anderson 和 Slullivan，1993）。

6.1.5   消费者信任

消费者对供应商的信任基于接收相关可信的信息、感知到的供应商的能力和一致性以及供应商的诚信、可信性和可靠性（Yee 等人，2005）。消费者的信任评估不仅基于他们考虑的产品，而且基于对公司及其品牌的二次评估，还考虑供应商的道德和社会联系的力量和已证明的承诺（Castaldo 等人，2009）。这些感知都显示出与信任有直接联系，直接反馈到品牌感知，甚至延伸到公司的企业社会责任（CSR）方法。的确，产品本身可以对供应商的企业社会责任做出说明，例如在有机食品的供应方面（Yee 等，2005）。

信任可以被供应商转化为价值和忠诚。相反，它的消耗会在消费者预期失败的情况下使损害扩大。可信赖是基于消费者对公司经营能力、仁慈和问题解决方向的认知（Sirdeshmukh 等，2002）。消费者通过公共信息、前线供应商员工对他/她的咨询的反应，以及一般的管理实践来度量这一点。因此，供应商必须对此敏感，向消费者提供相关且可信的影响信任的信息（Castaldo 等，2009）。

信任本身可以被可视化为具有三个维度。其中最重要的是关心，其他是能力和开放性。特定信任维度对增强一般信任的贡献是基于特定行为者的，这表明当目的在于增强消费者对安全的信心时，不同的行为者关注应当是不同的信任维度（De Jonge 等，2008a）。

6.1.6　信任失败及其对消费者决策的影响：消费者信心的作用

信任的另一个角度是对未能实现客户满意的预期，降低了消费者的信心。在 Valentine 和 Gordon（2000）开发的模型中，消费者信心取决于环境、情况、外部因素和情感需求。这些都影响消费者的决策。消费者信心的下降不仅可能由于特定的恐慌或争议，而且可能由于创造和保持信心的文化机制以及对供应商的信任的侵蚀。在这种情况下，影响可能超过最初导致信心降低的事件。

消费者不只是以符合逻辑的方式对待失败。例如，他们对公平的感知被触发的情绪反应（McCollough 等，2000；McColl‐Kennedy 和 Ssparks，2003），此时他们对情况的评估包括基于他们对情况本身的互动和公平的认知而产生的和有可能是反事实的信息（Weun 等，2004）。情绪反应存在于导致它的过程中，以及在承认和恢复时所遵循的过程中。例如，供应商能做得更多吗？它考虑了谁的利益？失败是因为恶毒的原因吗？是否涉及疏忽？消费者承担着一定的责任，并且当他们责备供应商时，不太可能对复苏努力做出积极的回应。由此可以看出，消费者的决策可以是感性的。

汤普森和赞娜（1995）认为情绪有两个维度，消极的和积极的，并且这些态度是独立的。基于这种观点，Penz 和 Hogg（2011）发现混合情绪，积极和消极情绪（矛盾性）的混合会影响消费者的信任和购买意愿。

6.1.7　产品质量恢复

是什么导致产品质量失效？福尔斯（1984）提出了一个普遍接受的基于归因理论的因果关系框架，这在消费者不满的领域已经被证明是适用的（Folkes，1984；Erevelles 和 Leavitt，1992）。在这种方法中，消费者从 3 个方面来看待产品质量安全事故：事故的稳定性（它是临时的吗？）、轨迹（事故发生在哪里？）、可控性（是在供应商的控制之外，还是通过某种供应商的选择？）。

由 Day 和 Landon（1977）提出并由 Donoghue 和 de Klerk（2006）延伸的这些维度，也影响消费者对失败的反应（Day 和 Landon，1977），消费者从根本不采取行动，到通过私人行动（抵制品牌或产品，和/或警告家人、朋友和/或网络），再到公共行动（寻求赔偿，向当局投诉或法律行动）。糟糕的恢复过程将导致客户向其网络传播负面消息，从而加剧事件的负面影响，而不考虑其他响应。然而，良好的恢复过程可以使客户向其网络传播积极的信息（Swanson 和 Kelley，2001）。

认识和处理信任因素、失败预期和品牌质量不和谐，尽管仍然存在问题，但在几个框架中已经得到解决（Smith 等，1999；Mattila，2001；Smith 和 Bolton，1998；Wang 等，2011；Weun 等，2004；Wirtz 和 Mattila，2004）。这些研究表明，前情是重要的有效恢复手段。也就是说，用于从质量安全事故中恢复的资源必须与事件或不满意的感知的严重性和大小相匹配，以防止其对忠诚度的影响变得太大，导致客户进行切换。这种切换的成本可以防止这种情况最初发生，但即使如此，消费者也会产生切换的倾向。

6.1.8　服务在消费者满意度恢复中的作用

产品与服务不同，它们有不同的属性。前者在买方购买后被消耗了一些时间，因此可以至少短时间存储，并且必须运到消费点；而后者作为购买行为的一部分被消耗（Hepp，2008）。实物产品和有形服务之间的区别现在不太明确。"产品"现在既可以是数字化的，也可以是物理的，并且更可能被包括在服务中。事实上，一些传统的产品已经和服务混在一起（姣等，2003）。例如，考虑一种机动车辆，其中维护、保险和客户关心的零配件都被用于差别化产品，包括在全部销售标的中，并在产品寿命期间消耗。现在，消费者的选择越来越多地基于整个服务和产品组合包，并且物理产品只能根据其操作特性在供应链内的某个地方独立存在，远离最终消费者。

即使供应链通常不可见，对于复杂的全球分布产品，当产品发生质量安全事故时，供应链本身也变得可见，并且处于监视之下。因此，从质量安全事故中恢复可以更好地与服务失败挽回理论和实践结合起来。这正是本书所考虑的方法。

6.1.9 售后服务失败后的顾客满意度

服务失败会导致客户不满意（Colgate 和 Norris，2001）。麦科洛等人（2000）发现客户满意度不一定能返回到故障前的水平，即使服务挽回执行得很好。最好的策略是避免服务失败，而不是专注于服务挽回。首先通过有效的操作质量控制，避免服务失败机会最大化。这通常从运营管理的角度来处理，例如使用预测和识别缺陷的统计方法，而不是直接与客户满意度相关（Kelly 等，1993））。米勒等人（2000）描述了解决这些方面的服务挽回过程，以及朱等人（2004）提出了一种辅助管理资源决策的数学模型。在该概率模型中，由客户满意度输入确定的风险用于将资源与最优化规避/挽回方法相一致。

在这些模型中，客户反馈是关键，因为是客户降低的满意度决定了何时会感觉到服务（质量）失败（DeWitt 和 Brady，2003）。此外，反馈有时可能是即将来临的服务失败的预兆。在失败之前与客户建立融洽的关系可以提高客户保留率（即持续的失败后购买交易），并减少负面口碑信息及其对消费者信任网络的影响。Hess Jr 等人（2003）着眼于客户期望，以及如何通过客户–供应商关系来塑造客户期望。他们断言，客户对服务失败前的期望越高，服务恢复期望就越低，并且这些服务失败更多地归咎于供应商的不稳定性。相反，较低的期望导致供应商必须证明较高的服务挽回期望的有效性，因此使得更难返回到感觉满意的客户状态。建立在友好关系基础上的信任似乎更接受手续简单的服务挽回路径。

与正义和责备定位的概念联系在一起，补偿和道歉在服务挽回中也很重要。虽然它们不能自己恢复挽回后的满意度，它们需要被包括在整个服务挽回方法中。的确，当服务挽回流程被视为有缺陷的情况下，补偿和道歉的积极影响要小得多（Wirtz 和 Mattila，2004）。

消费者对服务失败和服务挽回效果的反应也因文化而异，认知形成标准、权距、不确定性规避和集体主义的差异都引起不同的消费者反应（Magnini 和 Ford，2004；Patterson 等，2006）。性别对服务挽回效果也是重要的，建议在服务挽回过程中对不同性别的个体采用不同的方法。例如，女性倾向于知道挽回是如何处理的，并对此有所投入，而男性则更倾向于等待结果。因此，为妇女提供发言权可能还需要不同的渠道和方法（McColl – Kennedy 等，2003）。

6.1.10 质量与食品供应链

在本书中，我们主要考察食品，其中为了市场差异化的目的，供应链的组成部分已经被供应商有意地显现出来。在这种情况下，可以说，消费者对可接受性（质量）的感知不仅与产品本身的性能和感知有关，而且与供应链中服务的性能有关。例如，"今早从船上交货"所宣传的鱼的质量不仅要由鱼本身来评估，还要由支持鱼的交货和服务以及将鱼从海洋运到客户的冷链的完整性来评估。在这些情况下，我们假设虽然产品本身可能存在质量缺陷（鱼是坏的），但是从这个质量缺陷中实现服务挽回必须解决客户可以看到的供应链服务，并且还要处理那些服务。

6.1.11 消费者信心与食品安全

关于消费者对食品安全的信心的研究越来越多，它被更具体地定义为"消费者认为食品总体上是安全的，并且不会对其健康或环境造成任何损害的程度"（De Jonge 等，2007）。

研究人员（Bukenya 和 Wright，2007；De Jonge 等，2008；De Jonge 等，2007；Valentine 和 Gordon，2000；Lobb 等，2007）共同提出，消费者信心是由形式或信任的情感驱动的，外部认知是基于消费者可获得的正式和非正式信息和消费者特征如社会人口学因素，这些会相应地影响消费者的反应和行为（见图 6.2）。

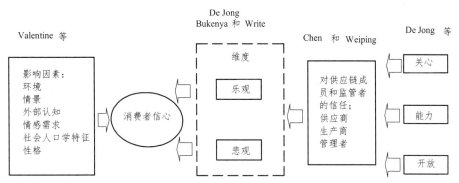

图 6.2 消费者食品安全信心影响因子（Chen，2013；Valentine 和 Gordon，2000；Bukenya 和 Wright，2017）

消费者对食品安全的信心来自两个不同且独立的维度（De Jonge 等，2007），乐观主义和悲观主义，它们在不同程度上同时存在。在很大程度上，对食品安全的乐观和悲观都源于消费者对食品供应链中监管者和供应链成员的信任，以及对食品安全的认知（陈，2008）。这取决于所讨论的特定食物，例如肉类和鱼类比许多其他产品类别受影响更大。其他研究发现，消费者对不同种类食物的信心有不同的敏感性（Jonge 等，2004）。很显然，消费者根据他们对风险/影响和成本/效益的不同感知来评估不同的食物种类。事实上，关于食品的转基因改造及其企业社会责任和安全特性的讨论可以影响总体乐观/悲观平衡（Bukenya 和 Wright，2007）。

除了评估可能维持或建立信心（例如信任或品牌）的潜在过程和可能有损于信心的因素（例如食品安全"恐慌"）的影响之外，还发现消费者信心与消费者行为之间存在显著关系（Jonge 等，2004；Lassoued 和 Hobbs，2015）。

消费者信心与食品供应链中成员和监管者的信任呈正相关。此外，由于安全事件引起的食品召回、消费者对不同产品群安全的感知、消费者社会人口学特征和个性特征都作为消费者对食品安全的一般信心的相互作用的决定因素（Gellynck 等，2006 年；De Jonge 等，2007）。安全影响的强度取决于所涉及的供应链中成员，并在某种程度上取决于他们的文化（de Jonge 等，2008）。例如，对政府的信任和对制造商的信任与食品安全消费者信心的关系比与农民和零售商的信任更为密切（在供应链两端的成员），而对食品制造商的信任比对其他供应链成员的信任对总体信心的影响更大（de Jonge 等，2008；陈，2013）。

在这些情况下，为了形成信任的基础，消费者还转向其他信息源，如媒体。媒体"自旋"可以显著地偏袒消费者意见（Alsem 等，2008）。鉴于食品安全危机十分严重，媒体作为可靠的信息来源也将日益受到玷污（Smith 等，1999）。

6.1.12 食品消费者信心的变化

风险感知被定义为两个阶段（博克尔和 HANF，2000）。首先，对失效概率的主观评估导致不同类型的供应商之间可靠性感知的差异。其次，这种评估被定义为对被认为是可靠的个体供应商的信任。此外，消费者对食品恐慌的反应导致需求急剧下降，随后是缓慢且常常不完全的信任恢复（Liu 等，1998）。这表明，先前存在的高度信任本身就是防止信任丑闻后损失的最有效保护（Anderson 和 Slullivan，1993）。

因此，在国家或区域一级，单个公司或生产组织有动机将实现高度信任作为其正在进行的战略目标。报告还建议，面对质量安全危机，试图建立信任的营销活动不应该以竞争对手的食品安全弱点作为区分标准，因为这将增加不同供应商类型和消费者信心之间感知的不一致性，导致整个市场的购买倾向大大减少（Bocker 和 HANF，2000）。

6.1.13 三鹿婴幼儿奶粉事件：消费者信任危机

中国的婴幼儿奶粉市场非常庞大。2014年度中国本地牛奶产量为 3 725 万吨（PRNewswire，2015）。由于婴幼儿奶粉的原料 80%为牛奶，这支持了一个潜在的巨大的国内消费市场和供应该类产品的（bilich，2015）"国内供应链"（DSC）。多年来，中国消费者也抱有进口的婴幼儿奶粉是高质量产品的思想。对于全球乳制品生产商来说中国是一个非常引人注目的市场，它们主要的营销努力和产品包装极大地促进了包括婴幼儿奶粉在内的各种奶制品进口的增长。

　　国内婴幼儿奶粉的 3 条供应链都有不同的中国品牌（见表 6.1），旨在实现特定的市场细分。婴幼儿奶粉的主要制造商采用所有 3 个供应链来创建多个品牌，这些品牌的消费者群体目标是使风险最小化的买家，以及那些主要基于该产品的供应链寻求信心信号的买家。

表 6.1　中国境内婴幼儿奶粉供应链和相关品牌

（数据来源：加工企业网站）

供应链	奶源供应商	婴幼儿奶粉生产商	分销商	主要品牌
国内供应链（DSC）	国内	国内	国内	伊利、飞鹤、蒙牛、完达山
原装进口供应链（IFSC）	国外	国外	国内	Friso（荷兰）、Abbott（美国）、Karicare（新西兰）、A2（新西兰）
原料进口分装供应链（ISSC）	国外	国内	国内	Enfagrow A+（中国香港）、BeingMate　love +（中国杭州）

　　关于婴幼儿奶粉购买的决定相当大程度上依赖于信任。婴幼儿奶粉特定品牌的化学成分决定了其作为母乳替代品的效用，产品的外观和感觉很少提供关于其有效性的线索，因此消费者必须使用产品声明、监管控制和营销"信息"来做出决策。婴幼儿奶粉的采购决策是基于对其营养价值和发展价值的认识做出的（Mathuthra 和 Latha，2016）。因此，毫不奇怪，乐观的制造商声称其产品的这两个属性是中国市场营销和品牌的一个特征，因为它们在销售上即有规模效应也很难引起争议，尤其是这种消费者必须购买的产品。

　　当然，婴儿对婴幼儿奶粉购买没有决定能力。这些是婴儿的父母和监护人的关注点，他们充当婴儿的消费者代理。因此，婴幼儿奶粉消费者代理对产品购买自然高度谨慎。在健康领域的综合分析（Bogg 和 Roberts，2004）表明，尽责的个人特别警惕风险，并不大可能进行健康影响风险购买行为。在中国液态奶市场上，消费者在很大程度上是为自己购买的，对安全性的反映则表现的不是那么保守，购买决策的最重要的因素是品牌和购买场所，尽管消费者对中国现行的牛奶安全认证系统存在一些不信任因素（张等，2010）。

与许多关键的、复杂的产品和服务一样，消费者依赖于提供商（航空业是另一个例子）的专门知识，关于准确索赔，政府已经制定了相关的法规、测试和标准，以使产品规格透明，以及提高购买者对信息准确性的信心。婴幼儿奶粉行业受到严格监管，1981 年通过了《母乳代用品国际销售守则》（Sethi 和 Bhalla，1993）。然而，这样的监管基础设施，虽然通常是基于事实的并且通常是社区焦点，但中国消费者并不这样认为，对他们来说，食物保障计划并不代表一个"黄金标准"，而是对更全面的知识获取一个途径（Eden 等，2008；McKeown 和 Werner，2009）。

2008 年，婴幼儿奶粉（IMF）的主要中国国内供应商三鹿集团（Sanlu）被发现添加了三聚氰胺，以提高其测定的氮含量，使产品更受欢迎。虽然这种添加剂对动物饲料（实践证明）是良性的，但对人类是有毒的，并有严重和广泛的医学并发症，导致 11 例婴儿死亡和 300 000 余例不良医疗事件（郝和 XI，2010）。这一事件在中国一段时期内造成很大程度的社会信任危机，它也是一次造成严重影响的重大商业事件。

为了让消费者放心，在事件发生后，中国政府对食品安全更加重视，积极起诉三鹿集团高管和婴幼儿奶粉供应链中的其他人（Xiu 和 Klein，2010；Pei 等，2011）。不管来源如何，政府都从零售货架上撤回所有相关的奶制品，直到它们通过安全测试。他们还引入了更加严格的现行测试制度（Fairclough 和 Su，2008；Fairclough 等，2008）。尽管政府采取了这些决定性的行动，但消费者信心还是遭到严重破坏，难以恢复。三鹿品牌的奶粉在市场上完全消失了。

婴幼儿奶粉事件也加剧了一些人对国内食品一定程度上的不信任感，并促使人们更加关注一般食品的供应链安全。与事件发生前相比，84%的中国消费者现在更加关注国内食品和饮料供应链的安全，这比美国或英国高出许多（50%左右）（胡和齐，2009）。一些中国消费者对国内婴幼儿奶粉整个供应链失去了信任，对奶粉的品牌、测试制度、质量控制方法，以及对与之相关的供应商都有过一定程度的质疑。

在事件之后，甚至在今天，中国一些消费者也在寻找替代的供应链。尽管在事件发生之前，当地品牌的忠诚度很强，但事件发生后，接受采访的北京母亲表示，对婴幼儿奶粉国内品牌的信心明显下降（Walley 等，2012）。消费者对婴幼儿奶粉国内品牌的偏好完全被来自进口奶源的产品替代（见表6.2）。消费者行为的这种巨大而持久的变化直接导致了婴幼儿奶粉供应链的重大变化，甚至影响到澳大利亚和新西兰的牛奶采购公司（Kidspot，2013）。

表 6.2　中国牛奶产量和进口量

产　品	2008	2014	增加百分比/%
牛奶总产量①/Mt	3 556	3 725	4.75%
乳品、全脂奶粉生产量②/Mt	1 120	1 250	11.61%
进口乳品、全脂奶粉生产②/Mt	46	680	1 378.26%

注：① 国家统计局。
　　② 蒙迪指数。
　　③ 数据不包括港澳台地区。

除了消费者偏好的长期变化外，消费者用来做出购买决定的机理也发生了变化。Yu 和 Li（2012）认为，质量安全现在是选择非国内婴幼儿奶粉品牌的主要依据（82.7%的消费者）。母亲们普遍认为，国内一些公司缺乏企业社会责任，政府有些部门和人员也没有很好地履行有效监督的责任，并且他们一直对此感到关切。

消费者的社会人口统计特征似乎也在事件后的感知和行为变化中起作用。受过高等教育的人对政府和企业服务挽回的举措反应更积极，而家庭收入、子女数量和性别对影响婴幼儿奶粉供应链决策的行为有显著影响（Yu 和 Li，2012）。

这个案例表明，单一的系统性质量安全事故可能对整个市场及其供应链成员造成不可逆转的和破坏性的影响，并在极大程度上改变消费者的决定过程。引人注目的是，这些变化可能是基于不再有效的看法。更重要的是，消费者可以为此付出更大的代价，比如更高的价格。在"三鹿"事件之后，供应链偏好的改变对于消费者来说并不代表一个有效的选择，这导致了向不那么容易采购的更昂贵的产品的转变。换句话说，即使事件本身是短暂的，这些事件也可能导致消费者效用的持续降低。这反过来又引起消费者价值感知的变化，有可能无法再回到事件前的状态。

在"三鹿"事件中，尽管所有负责任的行为者都采取了果断、迅速和光明正大的行动，但他们最终未能使市场回复到从前良好的状况。

6.2 基于模型的婴幼儿奶粉消费者信心影响因素比较分析

在本书中，我们使用从文献中开发的组合模型作为调查的基础，图 6.3 显示了这个模型，其中 30 个因素（具有紧密相关关系的问题）在 6 组中，代表模型的重要组成部分。

6.2.1 社会人口学特征

表 3.2 显示了 DSC 消费者具有最低的受教育水平。ISSC 的消费者具有中等的受教育水平，最高的质量缺陷容忍度。IFSC 的消费者具有最高的教育水平和最低的质量缺陷容忍度。

6.2.2 质量缺陷类型的质量缺陷容忍度分析

由食品安全事故容忍度调查表 3.3 可知，超过 93% 的消费者对 3、4 和 5 类事故的 QFT 低于 25%，表明基本上每个人会对这些事故类型做出消极反应。1 类和 2 类事件的 QFT 更具变数，可能受人格因素的影响。

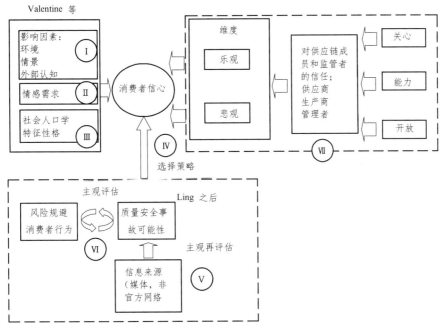

图 6.3 食品安全消费者信心模型

6.2.3 质量安全事故后消费者信心影响因素的差异

采用探索性因素分析对不同的 SCs 进行降维（DSC，IFSC 和 ISSC）。为每个供应链构建了旋转分量矩阵。后方差最大旋转（丘尔顿和 Mulaik，1975），获得了 14 独立因子，纳入 log 模型。这表明，一般有相同的因子起作用，它们在事件发生之前和之后都有不同的变化，即 B 矩阵在事前和事后是不同的。在全部 3 个供应链中，14 个独立的因子代表所有 3 个类别的与消费者决策相关的信息（消费者人口统计学特征，与消费者决策相关的认知和情感）。

不同的供应链有自己的消费者信心形成影响因子结构，从而导致不同供应链存在不同的独立因子并且其影响各不相同。此外，质量安全事故后，这些结构几乎完全改变了，且不同的供应链的变化是不同的。

6.2.4 消费者选择因素与供应链差异

表 6.3 总结了消费者预先考虑的 12 个独立因子。3 个婴幼儿奶粉供应链事件发生后。对于一个因素（F2），我们看到了两个不同的表现取决于它是否与外部认知有关（看起来像评估与产品或情绪相关的风险）和情绪因素(看起来像是一种积极的感觉）。该表进一步突出了质量安全事故前后，以及不同的供应链类型之间消费者选择决策是基于完全不同的因子。

6.2.5 不同供应链间消费者总信心差异

供应链消费者总信心是通过结合所有独立因子来计算的。一方面，同样的质量缺陷事件导致非常相似的消费者信心绝对减少，大约在 10%左右。然而，消费者总信心变动的百分比，在质量安全事故后，完全取决于所涉及供应链的类型（DSC 消费者总信心变动 42.42%左右，IFSC 消费者总信心变动 15.73%左右，ISSC 消费者总信心变动 65.85%左右）。

6.2.6 质量安全事故对不同供应链消费者选择的影响

在同一市场内，相同质量安全事故之后，IFSC 产品获得了 6%的消费者增长。DSC 产品的消费者变化不大，而 ISSC 产品的消费者减少了 6%。此外，IFSC 的结果表明，与其他婴幼儿奶粉供应链相比，质量安全事故后其消费者信心下降最大，减少了 19.79%。在同一市场内，即在消费者数量固定的情况下，其他婴幼儿奶粉供应链消费者大量转向 IFSC。这个结论进一步支持了 Bocker 和 Hanf（2000）的观点，即高信任度是最有效地防止质量安全事故损失的保护措施。

表 6.3 质量安全事故前后消费者信心决策独立因子

质量安全事故	供应链	消费者特征	外部认知	情感
前	DSC	F7：家庭收入和最高学历 F14：最小孩子年龄	F2：质量标准、信任差和性价比 F10：分销商风险 F11：消费体验 F12：包装偏好 F13：配方重要性	F3：对补救措施的满意度
	IFSC	F8：家庭收入和最高学历 F9 质量缺陷容忍度 F13：性别	F10：包装偏好	F1：正面情感 F2：负面情感
	ISSC	F9：质量缺陷容忍度	F4：供应链成员风险 F12：配方重要性和购买渠道安全偏好	F2：正面情感 F3：对补救措施的满意度 F6 家人和朋友的影响
后	DSC	F7：家庭收入和最高学历 F14：最小孩子年龄	F2：质量标准、信任差和性价比 F10：分销商风险 F11：消费体验 F12：包装偏好 F13：配方重要性	F3：对补救措施的满意度
	IFSC	F8：家庭收入和最高学历 F9 质量缺陷容忍度 F13：性别	F10：包装偏好 F5：供应链成员（分销商）风险	F1：正面情感 F2：负面情感
	ISSC	F9：质量缺陷容忍度	F12：配方重要性和购买渠道安全偏好	—

6.3 婴幼儿奶粉消费者信心影响因素模型分析及结论

先前的研究建立了所谓的"消费者信心"和影响因素之间的关系。基于现存的文献，这些构成了一个组合模型。就食品安全而言，是建立在信任、情感、外部认知因素的感知和供应商可靠性评估基础之上的。在这研究中，我们测定了 30 个变量并将其映射为 14 个独立的因子用于该模型。我们可以确认整体运作过程中所有预期的因素都在构建消费者信心模型中得到应用。

然而，我们没有看到所有供应链类型都有共同的影响因子。但在消费者决策中，它们的相对重要性也发生了变化。产品质量安全事故后，消费者使用的是 14 个因子中不同子集来用于重建信任。

发生产品质量安全事故后，重新建立消费者信心的影响因素有相当大的可变性，虽然我们使用的模型不是错误的，但它本身并不代表对这一现象的完整模拟。在消费者心中有更多因素会影响他们的置信水平。

很显然，当一些因素与消费者所拥有的特定选择的性质以及他们的个人需求和购买情景有关时，消费者会考虑这些因素。这显然是部分比较评估，反映了他们在特定时刻的可能选择。消费者的选择同时也是动态的，为了评估当前感知到的场景并重新做出决定。由于这些因素是显示消费者决策过程机制的标志，因此它表明改变机制本身可用于在不同的时期不同的产品类型（供应链类型）。

6.3.1 基于系统观点的消费者信心模型分析

我们认为"消费者信心"可以使用交互因素矩阵作为系统来构建。从这个观点来看，当前的集成模型可以被更好地看作一个子系统，它超出了学者以前对这一现象所考虑的范围。我们建议的模型（见图 6.4）扩展了现有的食品安全消费者信心模型。它代表了一个系统，其中"消费者信心"是在 4 个交互子系统的基础上动态地重新定义的。简言之，系统方法动态地将现有模型与更广泛的因素联系起来。消费者购买选择可以在各种场景下遵循所有可能路径。也就是说，消费者的消费产品可以改变成更安全的品牌，如果可能，他们可以选择替代产品，他们也可能减少某品牌或产品的消费，如果他们没有其他选择，他们可能被迫选择他们认为不安全的产品满足目前的消费需求。

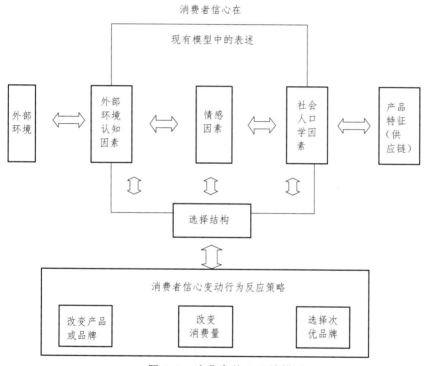

图6.4 消费者信心系统模型

为了在食品质量安全事故后实现服务挽回，本研究所提出的模型在某种程度上解释了为什么从食品质量安全事故后实现服务挽回是个难题，以及为什么市场会因此遭受长期损害，消费者会考虑替代品牌、产品和替代品。为了从诸如"三鹿"之类的重大食品安全事件中恢复过来，市场挽回战略必须旨在重建消费者的信心，不仅要解决特定的因素，而且要处理整个消费者信心系统，包括消费者对供应链外部环境的感知，以及（由于对整个供应链及成员的可见性和对产品品牌的贡献）对整个供应链及成员的认知。这显然不是"一劳永逸"的方法，因为在评估婴幼儿奶粉产品的安全性时，不同消费者群体会评估不同因素之间的复杂相互作用。除非在市场挽回的战略中解决这个问题，否则消费将遭受长期的，或许是永久性的下降。消费者购买选择取决于在特定时间点与他们行为相关的因子集，也取决于他们对于产品的自由选择能力，所以这个模型也引入了社会人口学维度。对于不同的供应链，这个选择过程也是不同的，这也使得作出最佳选择响应变得更加复杂。

6.3.2 婴幼儿奶粉消费者信心影响因素分析结论

食品及其供应链中的质量安全事故现在对于消费者来说非常明显可见的，特别是在质量安全事故已经发生时，他们使用一组复杂的感知、情感和信息源来进行或规避风险或无奈忍受的选择。结合当代中国人对许多产品的看法"进口的产品更好"（Sun 和 Collins，2004），质量安全事故可以迅速和不可逆转地将消费者从国内市场转向国际市场。在这些质量安全事故之后恢复国内市场尤其困难，因为消费者产生了长期不信任感，其消费信心是复杂且难以重建的，对于受影响产品的形成机理也发生了变化。因此，随着中国寻求扩大国内市场，需要更加强烈地意识到质量安全事故可能造成的经济风险。

6.4 本章小结

本章根据第4章婴幼儿奶粉供应链消费者信心影响因素因子分析结果和第5章婴幼儿奶粉质量安全事故前后的婴幼儿奶粉供应链消费者信心模型估计结果，与前人对于食品供应链消费者信心影响因素的分析结果进行比较分析，获得中国特定经济和社会条件下，对婴幼儿奶粉消费者信心影响因素进行了系统分析。分析3种类型婴幼儿奶粉供应链消费者信心影响因素变动的共性和个性，由此获得中国婴幼儿奶粉供应链消费者信心影响因素的特点。

7 基于供应链的婴幼儿奶粉消费者信心形成及受损机理分析

7.1 基于供应链的婴幼儿奶粉消费者信心形成机理

7.1.1 消费者基础信心形成机理分析

从 Log 模型来看，各个 SC 模型的常数项是不同的，这意味着不同的 SC 具有不同的基础信心水平。我们认为，它是由在 log 模型中没有高的显著性的因子所导致的结果。它的存在不受 Log 模型中显著因子的影响，其形成具有长期的经济、文化和历史原因，是消费者经过多年对于某供应链的认知和情感的积淀而形成的，短时间内对于该供应链某些方面的认知和情感的变动不会轻易改变基础信心值的大小。

1. DSC 婴幼儿配方奶粉消费者基础信心分析

DSC 的基础信心水平远远低于 IFSC。主要包括以下几个方面原因：

中国人民曾经历了一个较长的经济技术落后于发达国家的时期，那时几乎所有的进口产品相对于国产的产品来说都是质量好、价格高的。同时，为了促进中国经济的发展，政府也鼓励工业向国外出口高质量的产品来创汇，用以购买我国国民经济发展急需的产品。这些因素进一步促使中国的近现代普通老百姓心理都认为，"进口的商品都是好东西"。当收入提高后，想要提高生活品质，彰显社会地位，首选就是购买进口商品。

由于食品监管部门和地方政府监管不严，造成食品行业中食品安全事故时有发生，最终导致三鹿婴幼儿奶粉重大伤害事件。再加上媒体的深度追踪报道，消费者对 DSC 婴儿配方奶粉的基础信心受到重创，短期内产生了大幅下降，并长期低位徘徊难以恢复。

从供应链本身来看，在中国高品质奶牛数量比例偏低，且我国优质的草原较少，过度放牧导致奶牛的养殖环境较差，部分地区液态牛奶的品质较难提升，这一直是我国乳品行业发展的瓶颈。此外，三鹿婴儿配方奶粉质量安全事故发生以后，中国政府降低了液态牛奶收购的质量标准，目的在于缓解液态奶生产者来自奶粉加工企业的收购压力，以上因素使得消费者对 DSC 婴儿配方奶粉的基础信心偏低。

2. IFSC 婴幼儿配方奶粉消费者基础信心分析

IFSC 婴幼儿配方奶粉来自畜牧业资源丰富、奶业发达的国家，这些国家在奶粉加工行业发展的过程中，形成了保证行业健康发展的良好监管机制。虽然 IFSC 婴幼儿配方奶粉在国际市场上也曾出现过质量安全事故，但据有关资料和信息显示都没有造成大规模的严重伤害事件，并且相关婴幼儿奶粉生产企业的在事故发生后，一般都快速地做出了正确反映，短期内化解了消费者信任危机。此外，由于涉事公司的危机公关行为有效及其他多种因素影响，相关报道在国内并没有引起重视。更重要的是，长期以来良好的奶粉品质使 IFSC 在中国市场消费者中获得了较高的基础信心。

3. ISSC 婴幼儿配方奶粉消费者基础信心分析

面对消费者对 IESC 婴幼儿配方奶粉的追求，一些 DSC 公司纷纷寻找国外的奶源来满足消费者的需求。ISSC 是几年前发展起来的供应链类型。ISSC 从国外大量购买低成本、高质量的原料奶粉，并在中国通过添加成分后包装成婴儿奶粉，在中国市场上进行销售。然而，作为 DSC 的转移策略，ISSC 的基础信心在三类 SC 中是最低的。一方面，它在消费者心目中没有IFSC 那样的长久高品质供应市场的发展历史，对于其是否能够提供并保持良好的产品品质，消费者需要一定长的时间来确定这一点。另一方面，由于 ISSC 生产和服务构成的复杂性，加上国内监管跟不上 SC 创新的步伐，以及部分企业急功近利，没有给予 ISSC 产品品质良好的保障，ISSC 也曝出现了一些质量事故，这导致 ISSC 的基础消费者信心相对较低。

7.1.2 消费者可变信心形成机理分析

由 Log 模型估计结果来看，各个 SC 的 Log 模型中消费者信心的影响因子是不完全相同的，它们是取自因子分析结果因子集的子集。不同供应链具有不同的成员和存在环境，消费者对其成员和供应链环境有不同的认知和情感，这些认知和情感对于消费者可变信心的影响大小也各不相同，因此消费者对于来自不同供应链的婴幼儿奶粉的可变信心也随着这些因素的变化而变化。

7.2 基于供应链的婴幼儿奶粉消费者信心受损机理

7.2.1 消费者基础信心受损机理分析

从质量事故前后 3 种供应链模型估计结果中的常数项变化来看，质量事故后，3 种 SC 的基础信心水平都有显著下降。这表明消费者经过多年对于某供应链的认知和情感的积淀而形成的基础信心，当面临重大质量安全事故时，消费者原有的信任形成机理瞬间崩塌。原来对于某供应链形成的长期不变认知和情感可以不会马上变化，但是消费者会怀疑自己给予该供应链及其产品的信任值过高了，于是会基于目前供应链的状况和产品品质重新对其进行信任赋值。

7.2.2 消费者可变信心受损机理分析

一方面，从质量事故前后 3 种供应链模型估计结果中的变量子集来看，质量安全事故后不同供应链消费者调整了影响消费者可变信心的变量子集。IFSC 消费者增加了变量子集中变量的数量，增加的变量正向影响消费者可变信心，表明 IFSC 消费者想要进一步证明 IFSC 供应链婴幼儿奶粉的质量的可靠性，从而增加其对 IFSC 婴幼儿奶粉的信心。DSC 消费者则减少了变量子集中变量的数量，该变量是正向影响消费者信心的变量，表明消费者对于之前信任形成变量子集选择的不认可，否定了减除变量对于其可变信心的正向影响。ISSC 消费者影响其可变信心的变量子集中变量的数量没有变化，表明 ISSC 消费者依然认可之前信心形成的变量子集。

　　另一方面，从质量事故前后 3 种供应链模型估计结果中的变量估计参数变化来看，质量事故后，3 种 SC 的变量估计参数都有显著变动。IFSC 模型中正向影响消费者可变信心的变量参数绝对值降低，同时负向影响消费者信心的变量参数的绝对值也下降了。然而 DSC 和 ISSC 模型中正向影响消费者可变信心的变量参数绝对值降低，然而负向影响消费者信心的变量参数的绝对值则增加了。该结果表明不同的供应链消费者在遭受重大质量安全事故后，对于可变信心的调整策略是各不相同的，不能一概而论，需要根据供应链的特点具体问题具体分析，对于 IFSC 有效的消费者信心提升策略，用于 DSC 和 ISSC 未必能够取得同样的效果，甚至可能没有任何效果。

7.3　研究结论

　　（1）消费者信心由两个部分组成：基础信心 p_0 和可变信心 p_v。消费者信心总值 $p = \dfrac{p_0 p_v}{1 - p_0 - p_v + 2 p_0 p_v}$。消费者信心的影响因素来自一个系统的影响因素集合的影响因素子集。在质量安全事故前后，不同供应链消费者信心的影响因素子集中的要素及各个影响因素对消费者信心的影响大小各不相同。同一个市场内，同样的质量安全事故发生后，消费者信心总值高的供应链可获得更多的消费者，而消费者信心总值低的供应链消费者流失严重。

（2）消费者基础信心是消费者对相应供应链外部认知和情感因素长期固化的结果，短时间内无法迅速提升，但是质量安全事故可以使其迅速降低，基础信心越高，下降幅度越大。较低的基础信心是消费者认为该供应链的一些特质长期处于低水平并很难改变，在该研究中消费者对这些特质的认知和情感体现为 Logit 模型中不显著的影响因子。要想提高消费者基础信心，长期坚持不断改善消费者对于影响基础信心的相关供应链特性的认知和情感非常重要。

（3）消费者的可变信心在短时间内是可以随着可变信心影响因素的改变而改变的，从而改变消费者信心总值，使得消费者信心总值围绕基础信心增加或减少。不同供应链，消费者可变信心的影响因素及其对可变信心的影响大小和方向各不相同，在科学揭示消费者信心形成和变动机理前，不同供应链消费者信心提升策略需谨慎借鉴。

7.4　本章小结

本章在 3 种不同类型婴幼儿奶粉供应链消费者信心在质量安全事故前后的估计模型进行观察和分析的情况下，总结出婴幼儿奶粉消费者信心形成和变动的机理，并对不同供应链自身的特点进行了剖析，此结论将对婴幼儿奶粉供应链之间的竞争产生指导性的作用。

8 DSC 与 IFSC 婴幼儿奶粉消费者信心比较分析

8.1 DSC 与 IFSC 婴幼儿奶粉消费者信心影响因素比较

为了充分地比较 DSC 与 IFSC 婴幼儿奶粉消费者信心的影响因素的不同,本章我们对每个供应链婴幼儿奶粉消费者信心选取 15 个影响因子进行比较分析,具体如表 8.1 所示。

表 8.1 因子分析方差贡献率

SC	序号	消费者信心影响因子	方差贡献率/%		
			消费者特征	外部认知	情感因素
DSC	1	公众舆论正负面信息信任度			22.403
	2	SC系统及环境认知+性价比		8.435	
	3	补救措施满意度			6.287
	4	SC成员风险认知（无零售商）		4.992	
	5	家人和朋友信任度			4.314
	6	年龄和居住地	3.939		
	7	家庭收入和受教育水平	3.465		
	8	供应链自主宣传负面信息信任度			3.186
	9	质量缺陷容忍度	2.984		
	10	零售商风险认知		2.839	

续表

SC	序号	消费者信心影响因子	方差贡献率/%		
			消费者特征	外部认知	情感因素
DSC	11	消费体验		2.746	
	12	包装偏好		2.571	
	13	配方重要性			2.454
	14	最小孩子年龄	2.324		
	15	供应链知名度			2.207
合计	—	75.262	12.712	24.154	38.397
百分比/%	—	100	16.89	32.09	51.02
IFSC	1	公众舆论正面信息信任度			17.963
	2	公众舆论负面信息的信任度			8.195
	3	补救措施满意度			6.536
	4	SC 系统及环境认知+性价比（无质量责任信任差）		5.995	
	5	SC 成员风险认知		5.020	
	6	家人和朋友信任度			4.051
	7	年龄和居住地	3.718		
	8	家庭收入和受教育水平	3.577		
	9	质量缺陷容忍度+购买渠道安全性	3.048		
	10	包装偏好		2.778	
	11	配方偏好		2.732	
	12	消费体验		2.635	
	13	性别	2.512		
	14	供应链知名度			2.449
	15	最小孩子年龄	2.356		
合计	—	73.555	13.677	20.684	39.194
百分比%	—	100	18.59	28.12	53.29

由表 8.1 可知，DSC 婴幼儿奶粉消费者信心影响因子方差总贡献率为 75.262%，其中，消费者特征所占比例为 16.89%，外部认知所占比例为 32.09%，情感因素所占比例为 51.02%；IFSC 影响因子方差总贡献率为 73.555%，其中，消费者特征所占比例为 18.59%，外部认知所占比例为 28.12%，情感因素所占比例为 53.29%。从 3 部分因素所占比例来看，情感因素对于两种供应链消费者消费信心影响最大，外部认知第二，消费者特征第三。DSC 与 IFSC 相应数据分别相差 − 1.70%，3.97%，− 2.27%。从 3 部分因素所占比例差值可以看出，DSC 婴幼儿奶粉消费者来自自身特征和情感因素的信心大于 IFSC 婴幼儿奶粉消费者；而 IFSC 消费者来自外部认知的信心大于 DSC 婴幼儿奶粉消费者。

8.2 DSC 与 IFSC 婴幼儿奶粉消费者信心形成机理比较

将以上 15 个影响因子作为解释变量，对 DSC 与 IFSC 婴幼儿奶粉消费者信心模型进行估计，估计结果如表 8.2 所示。

表 8.2 Logit 模型估计结果 （df=1）

SC	变 量	质量安全事故之前			质量安全事故之后		
		B	Wald	Sig.	B	Wald	Sig.
DSC	F2（SC系统及环境认知+性价比）	− 0.765	12.161	0	− 0.842	11.939	0.001
	F3（补救措施满意度）	− 0.438	4.302	0.038	− 0.711	7.860	0.005
	F7（家庭收入和受教育水平）	− 0.887	15.307	0	− 1.064	17.150	0
	F10（零售商风险认知）	− 0.434	5.078	0.024	− 0.403	3.732	0.053
	F11（消费体验）	0.993	19.789	0	0.469	4.211	0.040
	F12（包装偏好）	1.096	29.270	0	0.876	16.023	0
	F13（配方重要性）	0.956	21.800	0	0.614	7.821	0.005

SC	变　量	质量安全事故之前			质量安全事故之后		
		B	Wald	Sig.	B	Wald	Sig.
DSC	F14（最小孩子年龄）	0.503	5.934	0.015	－	－	－
	常数项	－ 2.091	65.174	0	－ 3.006	72.356	0
IFSC	F1（公众舆论正面信息信任度）	1.234	31.210	0	0.830	23.930	0
	F2（公众舆论负面信息信任度）	－ 0.843	15.952	0	－ 0.394	5.718	0.017
	F5（SC 成员风险认知）	－	－	－	0.456	9.313	0.002
	F8（家庭收入和受教育水平）	0.665	13.480	0	0.331	4.980	0.026
	F9（质量缺陷容忍度+购买渠道安全性）	－ 1.674	54.059	0	－ 1.126	40.350	0
	F10（包装偏好）	0.464	7.519	0.006	0.387	6.896	0.009
	F13（性别）	－ 0.906	22.680	0	－ 0.508	10.912	0.001
	常数项	1.028	27.844	0	0.183	1.539	0.215

由 DSC 和 IFSC 婴幼儿奶粉消费者信心 Logit 模型估计结果表 8.2 可知，消费者对 DSC 和 IFSC 婴幼儿奶粉的信心形成的主要影响因素不同。消费者在长期的市场观察中形成对供应链的某些方面的深度认知和情绪感受，一些不会轻易发生变动的供应链特性认知和情绪感受成为消费者基础信心的基石。消费者对于可能发生不良变动的供应链特性会保持持续的关注，所形成的认知和情绪感受随时用于调整对该供应链的可变信心。

与 DSC 消费者可变信心负相关的因素主要有：F2（SC 系统及环境认知+性价比），F3（补救措施满意度）F7（家庭收入和受教育水平），F10（零售商风险认知）。从消费者的角度来看，IMF 供应链上的成员都属于商业实体，在供应链交接的环节都具有质量风险把控能力。消费者自身属于弱势群体。单个的消费者无法承受质量鉴定的高成本，不具有质量鉴定能力，所以为了最大概率地规避风险，消费者更加关注供应链系统及环境和成员中最后交付产品的零售商。由于DSC婴幼儿奶粉频繁出现质量安全问题，消费者不仅重视风险防范，而且质量安全事故后的补救措施也被纳入考虑范围。家庭收入和受教育水平因子越大，消费者对DSC的可变信心越小。与DSC消费者可变信心正相关的因素主要有F11（消费体验）、F12（包装偏好）、F13（配方重要性），这三者都是消费者能够感知体会到的因素；F14（最小孩子年龄）。消费者普遍认为，孩子年龄越小需要摄入的奶粉数量越多，一旦出现质量安全问题，受到的不良影响越大。良好消费体验和外包装可以让他们更有信心。

与IFSC消费者可变信心负相关的因素主要有F2（公众舆论负面信息信任度）、F9（质量缺陷容忍度+购买渠道安全性），F13（性别）。消费者普遍认为原装进口婴幼儿奶粉更值得信赖，IFSC消费者更关注公众舆论负面信息，用于优中选优。消费者质量缺陷容忍度高也表明其可选择的范围更加宽泛，通过关注购买渠道安全性帮助进行购买决策，所以消费者F9因子数值高，IFSC的可变信心并不增加。男性比女性对IFSC可变信心更大。与IFSC消费者可变信心正相关的因素主要有F1（公众舆论正面信息信任度）、F8（家庭收入和受教育水平）、F10（包装偏好）。IFSC消费者更喜欢高档的包装，重视关注公众舆论正面信息，对于公众舆论正面信息的信任度高，家庭收入和受教育水平因子值大，则可变信心大。

IFSC的消费者与DSC消费者相比，受教育水平高，家庭收入高，质量缺陷容忍度低。IFSC的消费者更容易受公众舆论的正面和负面信息的影响，更重视购买渠道的安全性，重视包装，配方重要性对于消费者信心变动不起作用。DSC消费者重视SC系统及环境，讲求性价比，认为配方很重要，对公众舆论的正面和负面信息的信任度不会影响其可变信心。由于DSC婴幼儿奶粉质量安全事故频发，消费者更希望看到企业在补救措施上实实在在的改变。

8.3 DSC 与 IFSC 婴幼儿奶粉消费者信心受损机理比较

由表8.3可知，质量安全事故发生后，一方面消费者基础信心发生了大幅变动,另一方面消费者可变信心影响因素和其重要程度也发生显著变化。质量安全事故的发生使得消费者变得更加敏感警觉，消费者可变信心的变动机理更加复杂。质量安全事故发生后，DSC消费者可变信心不再受最小孩子年龄（F14）的影响，当婴幼儿奶粉质量风险存在概率较小时，年龄较小的孩子是家里重点保护对象，当质量风险存在概率较大的时候，消费者对所有的孩子都严加保护。影响因素的重要性参数发生明显变化，其中变化幅度最大的是消费体验（F11）和补救措施满意度（F3）。总体来看，增加DSC消费者可变信心的因子作用被弱化，降低DSC消费者可变信心的因子作用被强化。IFSC消费者可变信心影响因子的参数也发生明显变化，总体来看增加IFSC消费者可变信心的因子作用被弱化，而降低IFSC消费者可变信心的因子作用也被弱化了。此外，IFSC消费者通过增加可变信心影响因子来对婴幼儿奶粉进行甄选，他们将SC成员风险认知（F5）纳入需要考虑的范畴，对信心进行支撑。这可以理解为，在质量安全事故之前，IFSC消费者对IFSC的监管环境过分信任，认为无论谁是供应链成员，供应链的最终产品都是安全的。但是质量安全事故之后，IFSC消费者才察觉不同的供应链成员会给供应链终端产品带来不同的风险。

表 8.3   质量安全事故前后消费者信心及变动

消费者信心/%	DSC 消费者基础信心	DSC 消费者信心总值	DSC 消费者选择频率	IFSC 消费者基础信心	IFSC 消费者信心总值	IFSC 消费者选择频率
前	11.00	23.16	571	73.65	62.46	1 873
后	4.72	13.33	200	54.56	52.63	1 503
差值	− 6.28	− 9.83	− 371	− 19.09	− 9.83	− 370
降低	57.09	42.42	64.91	25.92	15.73	− 19.79

8.4 DSC 与 IFSC 婴幼儿奶粉消费者信心变动比较分析

利用质量安全事故发生前后Logit模型计算消费者信心变动结果如表8.3所示。一方面从消费者信心总值来看，质量安全事故发生前，DSC的总消费者信心预测值的平均值为23.16%，IFSC的总消费者信心预测值的平均值为62.46%；质量安全事故发生后，DSC的总消费者信心预测值的平均值为13.33%，IFSC的总消费者信心预测值的平均值为52.63%。质量安全事故发生前后，DSC消费者可变信心增加了消费者的总信心，但是IFSC消费者变动信心却减少了总信心。另一方面从消费者信心组成来看，质量安全事故发生前，DSC的基础信心为11%远远低于IFSC的基础信心73.65%。当DSC和IFSC发生相同的质量事故后，消费者对两类供应链的基础信心都有明显下降。其中基础信心原值较小的DSC降低到4.72%，下降幅度较小为6.28%，但下降幅度占原基础信心的百分比57.09%。基础信心原值较大的IFSC降低到54.56%，下降幅度较大为19.09%，下降幅度占原基础信心的百分比仅为25.92%。同样的质量安全事故，对两者基础信心的影响程度不同。在消费者可变信心的影响下，总消费者信心变动呈现出不同特点。测算结果中，两种类型供应链消费者信心下降数值保留两位小数后相同，笔者认为属于巧合。

对于某一市场，假设主要提供婴幼儿奶粉的两类供应链发生相同的质量安全事故，从而导致消费者信心发生变动后，在此基础上进行选择的情况如表8.4所示。质量事故发生后，两种供应链消费者群体发生了分化，IFSC中有11.27%选择DSC，4.54%选择了其他。DSC中有39.33%选择IFSC，3.03%选择了其他。合并全部可能选择后，最终分化结果是选择IFSC的消费者比例增加了5.56%，选择DSC的消费者比例减少了0.55%。该结果表明信心总值较高的婴幼儿奶粉供应链，具有更强的抗风险能力。

表 8.4 质量安全事故前后消费者选择频率

SC	质量事故之前		质量事故之后消费者选择分化				质量事故之后		
	选择频率	百分比/%	SC	IF SC	D SC	ISSC	选择频率	百分比/%	变动百分比/%
IFSC	1 783	62.45	选择频率	1 501	201	81	1 962	68.01	5.56
			百分比/%	84.18	11.27	4.54			
DSC	661	23.15	选择频率	260	381	20	652	22.60	− 0.55
			百分比/%	39.33	57.64	3.03			
ISSC	411	14.40	选择频率	201	70	140	241	8.35	− 6.04
			百分比/%	48.91	17.03	34.06			
合计	2 855	100		1 962	652	241	2 855	100	0

DSC 消费者变动信心增加了消费者的总信心,IFSC 消费者变动信心却减少了总信心。表明 DSC 长期忽视消费者基础信心的构筑,但拥有较为丰富的短期可变消费者信心提升的经验。IFSC 则是长期重视消费者基础信心的构筑,但没能在短期很好的提升可变消费者信心。DSC 消费者可变信心对于消费者信心总值的影响较大,质量安全事故发生后,进一步提升的空间较小,而 IFSC 则有着改变可变信心变动方向和大幅提升消费者信心的潜力。在未来短期内 DSC 面临着更大的竞争,在未来长期内面临构筑基础信心的巨大挑战。

8.5　本章小结

本章基于第 7 章婴幼儿奶粉供应链消费者信心形成和变动机理理论结论的基础上,对国内婴幼儿奶粉供应链和原装进口婴幼儿奶粉供应链的影响因素、形成和变动机理以及相同的质量安全事故条件下,对不同婴幼儿奶粉供应链消费者信心产生的不同影响,认清了国内婴幼儿奶粉供应链在消费者信心管理中所存在的问题。

9 国内婴幼儿奶粉供应链消费者信任提升策略

9.1 从供应链系统和环境角度

首先，DSC 应该制定与婴幼儿奶粉出口大国相同或者更高的质量标准。受中国家庭的少子化特点和中国传统文化的影响，使绝大多数家庭都竭尽全力为孩子提供最好的生活条件。近几年经济的发展，也让这些家庭拥有了更好的经济实力，能够为孩子提供更好的生活条件。家长们对于婴幼儿奶粉的购买不仅仅关注安全性，还要考虑其质量是否更优。其次，监管部门要持续加强监管，提高监管透明度。广泛利用官网及大众媒体，详细报道婴幼儿奶粉每次抽检的结果，当 DSC 中的部分供应链产品存在质量缺陷时，其他 DSC 能够与之划清界限，防止 DSC 内部的质量事故"溢出效应"。

9.2 从供应链成员的角度

首先，优化 DSC 成员结构。逐步降低我国不具有质量优势和成本优势的牛奶产能，科学地引导婴幼儿奶粉的奶源生产由重视产量转换到重视质量的发展道路上来。奶业作为大而不强的婴幼儿 DSC 成员只能是 DSC 整体的累赘，不及时转变，杀牛倒奶的悲剧将不断上演。其次，实现 DSC 向 ISSC 转变。即充分利用国际贸易的比较优势，支持 DSC 去牛奶生产大国购买优质牧场，同时根据市场需求，稳步开通进口原料奶粉渠道。在开放的国际环境下，自给自足不是满足我国婴幼儿奶粉需求的唯一方式，更何况婴幼儿奶粉只是母乳的替代品，即使全世界都不向中国出口婴幼儿奶粉，婴幼儿还可用母乳来哺育。此外，充分利用渠道安全优势——IFSC 的天然劣势，减少中间流通环节，打造厂家直供特许零售商的销售网络，进一步降低渠道风险，充分满足消费者渠道安全心理需求，有效提高消费者渠道安全感知。

9.3　从供应链营销策略角度

DSC 婴幼儿奶粉应该扬长避短，产品应避免画蛇添足的高档包装，选择适度的包装。利用 IFSC 和 ISSC 消费者都重视配方、担心专供中国市场的 IFSC 婴幼儿奶粉质量可能会下降，直接海外代购的 IFSC 婴幼儿奶粉中国宝宝会不适应的心理，加强配方对本地婴幼儿的适应性宣传。为提升DSC 消费体验的比率和效果，DSC 还应该开发孕期妇女奶粉，增加与孕期和哺乳期幼儿父母的沟通和互动，提高售后服务水平，从而有效提升消费者对于 DSC 婴幼儿奶粉性价比的感知。

9.4　从情感因素角度

首先，DSC 应该利用其全部供应链成员都在国内的优势，结合休闲农业旅游开发，打造透明绿色 SC，有效修正消费者对 DSC 系统的认知，避开供应链正面自主宣传无效的劣势，提升消费者群体的体验效果。引导消费者使用偏爱的社交媒体展开自主宣传，通过家人和朋友圈的信息传播，达到提升消费信心的效果。其次，不是每个潜在消费者及其家人或朋友都有可能参与或感知 DSC 的认知之旅，国家应该立法规定以在婴幼儿奶粉的包装上印二维码等方式，方便消费者用最简单的操作链接国家权威质检部门，查看该 DSC 5~10年的质量抽检记录。再次，任何 SC 都不能百分之百的不出现问题。当出现质量安全问题时，由于 DSC 的补救措施没有 IFSC 和 ISSC 对消费者信心影响显著，所以，发生食品安全事故后，DSC 要以超出消费者期望的补偿来赢得消费者信心。

9.5　本章小结

本章根据第 8 章中分析的国内婴幼儿奶粉供应链消费者信心管理存在的问题，从供应链系统和环境、供应链成员、供应链营销策略、消费者对供应链情感因素等角度为国内婴幼儿奶粉供应链消费者信心保持和提升提出了可操作性的策略。

10　基于 DEA 方法的乳品供应链绩效评价及提升策略

　　供应链是围绕核心企业，通过对信息流、物流以及资金流的控制与管理，从采购生产所需的原材料开始，经过加工制造，形成中间产品，直到制造成最终产品，再通过销售网络把制造的成品送达到最终消费者手中的把原材料的供应商、制造商、产品的分销商和零售商，以及最终用户关联成一个整体的、具有特殊功能的网链结构模式。这里可以把供应链看作一个大的系统，在这个大系统中一定包涵投入和产出的相关问题，因此对供应链整体系统的投入和产出评价是供应链管理的重要内容。但到目前为止，供应链管理主要研究还是停留在供应链内的所有节点企业和环节之间的协调、优化、控制、计划和重构等。部分学者对供应链的绩效评价，大多是定性分析，定量研究相对较少。具在代表性的是，有些人把对供应链的绩效评价片面地理解成只是对供应链的财务绩效评价，不涉及其他方面。《辞海》对绩效评价的解释：绩效评价是对企业经营效率和效益的综合。由此可以看出对供应链绩效的评价，是能够为供应链的优化、控制、重构等管理活动提供有力依据和必要的信息。因此绩效评价应该成为现代企业管理中的重要管理制度，为了科学地、客观地评价供应链的实际运营情况，必须建立与之相适应的供应链绩效评价方法。

　　乳品供应链可以定义为与乳品行业生产密切相关的企业所组成的网络结构，其中包括奶牛饲料原料的采购供应、奶牛饲料的加工、奶牛的饲养繁殖、原奶收集、原奶加工、乳制品的流通和消费等环节。中国乳业目前已取得了非常大的进步，但乳品供应链整体效率如何，其可持续发展潜力怎样？到目前为止大多数定量研究的对象只是单个乳品企业，定量评价乳品行业整体的供应链绩效，在我国无论是从理论还是实践方面，都处于探索阶段。本书以我国乳品供应链为研究对象，分析和评价我国乳品供应链当前的运行情况，并预测未来的发展。通过对我国乳品供应链的绩效评价，可以了解企业间的合作关系是否合理可靠，利益分配与激励机制是否合理，乳品供应链的投入产出组合是否最佳，为供应链整体优化提供决策依据。

10.1　DEA 方法概述

数据包络分析（DEA）是由著名运筹学家 A.charnes 在 1978 年提出来的，用于研究多个投入和多个产出相对效率方法。DEA 方法是以相对效率概念为出发点，进行评价具有相同类型的多投入、多产出的被评价对象（决策单元 DMU）是否相对有效的非参数方法。

设有 r 个被评价的对象 DMU，每个被评价的对象都包括 n 种投入，m 种产出，这里的投入和产出分别表示该被评价对象"消耗的资源"和"取得的成果"，设：

$\omega^{T} = (\omega_1, \omega_2, \omega_3, \cdots, \omega_n)$ 为各个投入的权重。

$\mu^{T} = (\mu_1, \mu_2, \mu_3, \cdots, \mu_m)$ 为各个产出的权重。

x_{ij} 为第 j 个被评的价对象对第 i 个投入的输入。

y_{kj} 为第 j 个被评价的对象对第 k 个产出的输出。

对任意被评价对象 DMU，在凸性、锥性、无效性和最小性公理假设的前提下，建立线性规划模型 L：

$$L\begin{cases} \max v_L = \sum_{k=1}^{m} \mu_k y_{kj_0} \\ \text{s.t} \\ -\sum_{i=1}^{n} \omega_i x_{ij} + \sum_{k=1}^{m} \mu_k y_{kj} \leqslant 0 \qquad j=1,2,\cdots,r \\ \sum_{i=1}^{n} \omega_i x_{ij_0} = 1 \\ \omega_i \geqslant 0 \qquad\qquad\qquad i=1,2,\cdots,n \\ \mu_k \geqslant 0 \qquad\qquad\qquad k=1,2,\cdots,m \end{cases} \qquad (10.1)$$

令 $\lambda_1, \lambda_2, \cdots, \lambda_r$，$\theta$ 分别为 L 的第 1 个、第 2 个、$\cdots$、第 r 个和地 $r+1$ 个约束条件的对偶变量，列出对偶规划 D：

$$D\begin{cases} \min v_D = \theta \\ \text{s.t} \\ \sum_{j=1}^{r} x_{ij}\lambda_j + s_i^- = x_{ij0}\theta \qquad i=1,2,\cdots,n \\ \sum_{j=1}^{r} y_{kj}\lambda_j - s_k^+ = y_{kj0} \qquad k=1,2,\cdots,m \\ \lambda_j \geqslant 0 \qquad\qquad\qquad j=1,2,\cdots,r \\ s_i^- \geqslant 0 \qquad\qquad\qquad i=1,2,\cdots,n \\ s_k^+ \geqslant 0 \qquad\qquad\qquad k=1,2,\cdots,m \end{cases} \qquad (10.2)$$

以上是 1978 年 Charnes 给出的第一个 DEA 模型 C^2R 模型。（10.2）式中，当 $\theta=1$，$s_i^-=0$，$s_k^+=0$ 时，表示为该被评价的对象在 C^2R 模型下是 DEA 有效的，即被评价对象技术和规模都是有效的，这时的被评价对象在既定产出约束条件下，投入的资源总量是最小，这说明该被评价对象的资源利用率比较。而 $\theta<1$，或 $s_i^-\neq0$，$s_k^+\neq0$ 时，说明该被评价对象在 C^2R 模型下是非 DEA 有效的，意味着投入产出比相对较低，资源的利用率不高，也就是说生产中资源存在浪费现象。

下面从对偶规划 D 来判断 DMU 的 DEA 有效性。

设对偶规划 D 的最优解为

$\theta^0, \lambda_j^0, (j = 1, 2, \cdots, r), s_k^{+0} (k = 1, 2, \cdots, m), s_i^{-0} (i = 1, 2, \cdots, n)$ ，

若：（1）$\sum_{j=1}^{r} \lambda_j^0 / \theta^0 < 1$，则被评价对象规模收益呈递增趋势。

（2）$\sum_{j=1}^{r} \lambda_j^0 / \theta^0 = 1$，则被评价对象规模收益保持稳定。

（3）$\sum_{j=1}^{r} \lambda_j^0 / \theta^0 > 1$，则被评价对象规模收益呈递减。

当 DMU 为非 DEA 有效时，可通过求得投入和产出比率进行综合分析，用以确定有效的生产前沿面，并根据各 DMU 与有效生产前沿面的距离，调整非 DEA 有效的 DMU，使其优化。

当 $\theta^0 < 1$ 即评价单元非有效，对该 DMU 的投入和产出按公式（10.3）调整：

$$\hat{x}_{ij0} = \theta^0 x_{ij0} - s_i^{-0} \qquad \hat{y}_{kj0} = y_{kj0} + s_k^{+0} \qquad （10.3）$$

称（$\hat{x}_{ij0}$，$\hat{y}_{kj0}$）为被评价对象 j_0 对应的（x_{ij0}，y_{kj0}）在 DEA 相对有效生产前沿面上的投影。

10.2　乳品供应链绩效评价指标体系

10.2.1　指标选取原则

1. 决策原则

任何评价的最终目的都是为决策提供依据，因此选择指标体系一定要有利于正确决策。

2. 目标原则

供应链在不同的发展时期会有不同的目标。所以应当根据不同时期的近期目标和长远目标要求确定评价指标体系，做到兼顾长远目标和近期目标。

3. 可执行性原则

数据的获得也要充分考虑到经济因素和时间因素，指标选取时在经济上和时间上要充分可行。

4. 代表性原则

考虑到各输入指标之间和产出指标之间的关联程度。当指标之间关联程度较大时，选择其中更具有代表性的指标。

10.2.2 乳品供应链绩效评价指标体系的建立

结合供应链指标选取的原则，同时由于供应链样本量有限，DEA 方法要求样本数量应约为投入产出指标总和的 2 倍左右，本书选取的输入指标有平均从业人员数量、总资产，产出指标有利润总额、总产值。

10.3 DEA 法在乳品供应链绩效测评中应用

10.3.1 算 例

本书选取评价单元为规模相对较大、现代化水平相对较高、管理相对先进的乳品供应链，相关数据来自现场调查的黑龙江省各乳品企业年报，数据具有很强的代表性和客观性。从地区分布看，有占据奶源优势的企业、也有远离奶源的企业；从企业规模看，所选企业在黑龙江省都是竞争实力较强的企业。

　　本书选取了 7 个有代表性的乳品供应链投入产出数据，作为 7 个虚拟供应链的投入产出，选取评价指标时充分考虑到其对供应链绩效评价影响程度, 7 个供应链的投入指标和产出指标统计结果如表 10.1 所示。将表 10.1 的数据代入模型（10.2）中，列出如下方程：

$$\min v_D = \theta$$

$$207\,044\lambda_1 + 210\,418\lambda_2 + 212\,300\lambda_3 + 221\,800\lambda_4$$
$$+224\,796\lambda_5 + 286\,700\lambda_6 + 338\,812\lambda_7 + s_1^- = 207\,044\theta$$

$$83\,291\,645\lambda_1 + 97\,542\,399\lambda_2 + 10\,849\,500\lambda_3 + 124\,910\,000\lambda_4$$
$$+148\,447\,914\lambda_5 + 374\,756\,278\lambda_6 + 517\,484\,653\lambda_7 + s_2^- = 83\,291\,645\theta$$

$$6\,438\,096\lambda_1 + 4\,33\,030\lambda_2 + 8\,236\,000\lambda_3 + 8\,901\,000\lambda_4$$
$$+9\,395\,644\lambda_5 + 6\,292\,890\lambda_6 + 10\,437\,800\lambda_7 - s_1^+ = 6\,438\,096$$

$$3\,412\,651\lambda_1 + 2\,608\,440\lambda_2 + 5\,682\,000\lambda_3 + 5\,851\,000\lambda_4$$
$$+6\,907\,131\lambda_5 + 4\,015\,937\lambda_6 + 7\,170\,538\lambda_7 - s_2^+ = 3\,412\,651$$

　　用 LINGO 软件计算，结果如表 10.2 所示，供应链绩效评价结果如表 10.3 所示。

表 10.1　供应链绩效测评指标数据

评价对象	平均从业人员/人	总资产/千元	总产值/千元	利润总额/千元
1	207 044	83 291 654	6 438 096	3 412 651
2	210 418	97 542 399	4 373 030	2 608 440
3	212 300	108 495 000	8 236 000	5 682 000
4	221 800	124 910 000	8 901 000	5 851 000
5	224 796	148 447 914	9 395 644	6 907 131
6	286 700	374 756 278	61292 890	4 015 937
7	338 812	517 484 653	10 437 800	7 170 538

表 10.2 模型求解结果

评价对象	$C^2R(\theta)$	λ_1	λ_2	λ_3	λ_4	λ_5	λ_6	λ_7
1	1	1	0	0	0	0	0	0
2	0.586 5	0.260 2	0	0.327 5	0	0	0	0
3	1	0	0	0	0	0	0	0
4	1	0	0	0	1	0	0	0
5	1	0	0	0	0	1	0	0
6	0.627 3	0	0	0	0	0.304 5	0	0.328 8
7	1	0	0	0	0	0	0	1

表 10.3 供应链绩效评价结果

评价对象	$\sum\limits_{j=1}^{r}\lambda_j^0/\theta^0$	DEA 有效性	规模效益
1	1	DEA 有效	规模不变
2	0.998	DEA 无效	规模递减
3	1	DEA 有效	规模不变
4	1	DEA 有效	规模不变
5	1	DEA 有效	规模不变
6	0.991	DEA 有效	规模递减
7	1	DEA 有效	规模不变

10.3.2 模型结果分析

从表 10.3 的评价结果中可以看出，乳品供应链 2 和乳品供应链 6 的计算结果为 DEA 无效，其他乳品供应链的计算结果均为 DEA 有效，也就是说除了乳品供应链 2 和乳品供应链 6 外，其他乳品供应链的投入和产出都达到了最优状态。

乳品供应链 2 和乳品供应链 6 的绩效为非 DEA 有效,说明在这些供应链上,资源之间的组合没有达到最优,存在投入过多或产出不足等问题。同时,可以看出其投入产出规模是递减的,也就是说这两个乳品供应链随着投入的增加,其产出是在减少。为了提高这种类型的供应链竞争力,应通过技术更新、提高管理水平来提升其绩效水平,或适当减少各资源的投入量,加强供应链的内部管理,提高工作效率,增加供应链整体的经济效益。

对 DEA 非有效的供应链进行优化调整,优化调整的结果如表 10.4 所示。经检验,优化调整后各乳品供应链的投入产出均达到 DEA 有效,这说明各种投入产出如果按计算给出的调整方向和力度,是正确的、合理的,供应链调整后的生产规模收益方面达到了最佳状态。

表 10.4　供应链投入产出投影结果

决策单元	平均人员 $\hat{x_1}$	总资产 $\hat{x_2}$	销售产值 $\hat{y_1}$	利税总额 $\hat{y_2}$
2	123 419	57 354 526	43 734 825	2 748 827
6	179 852	215 351 344	6 292 922	4 460 894

10.4　改善乳品供应链绩效的建议

为提高乳品业的竞争优势以及可持续发展的动力,降低乳业成本,提高利润,应采取以下具体措施:

第一,我国乳品供应链在销售方面具有明显优势,而在饲料原材料的采购和原料奶的生产等环节存在不足。针对乳品供应链上的薄弱环节,各乳品企业应该采取有针对性的措施,对于无效率或者效率低的过程,既可以按 DEA 有效值的相对比率缩小其资源投入,还可以采取相关措施提高产出水平。对于已经是 DEA 相对有效的节点企业和生产环节,乳品供应链应继续加强管理,提高各节点企业和各生产环节的协调性,强化信息流通、风险分担、利益共享,不断提高效率。

第二，从乳品供应链的源头入手，进一步降低乳品供应链的采购成本。因为采购活动是供应链的龙头，是降低成本的最重要环节。首先要设置科学合理的库存并采取合理的库存管理制度，其次要严格控制订购数量和订购时间，最后要选择恰当的采购方式。

第三，建立有效的供应链销售网络。乳品供应链上各节点企业，应改变以前各自为战和相对独立的销售模式，形成资源共享、相互协作、优势互补以及风险共担的战略合作伙伴关系，组成利益共同体的乳品销售新模式，通过组成战略联盟或者互利互惠网络型的营销网络来提高乳品供应链的竞争力。

第四，实施"人才储备"战略。人力资源是最重要的资源，只有掌握大量的高水平的人力资源，供应链的核心竞争力才可能提高，因此乳品供应链应通过强化内部培养、利用高校资源开展联合培养、在技术合作与交流中进行人才培养等方式加强创新型团队建设。

第五，合理的资源投入和挖掘生产潜力。针对乳品供应链上的薄弱环节，既可以按 DEA 值的相对比率缩小投入，还可以采取相关措施提高产出。

10.5　本章小结

DEA 方法不仅能够合理而确切地给出各个待评价决策单元的相对效率，评价各决策单元的相对有效性，而且更重要的是它能够通过"最佳" DEA 决策单元的选择，为决策者提供众多有效决策的信息。对于非 DEA 有效的决策单元，DEA 不仅能够指出有关指标的调整方向是增加还是减少，而且能够给出具体的数量，以确保它们在调整之后能够达到 DEA 相对有效。

但在实际生产中，当决策单元的技术效率和规模收益没有同时达到最佳状态时，也就是说决策单元非 DEA 有效时，其还存在技术效率最好的可能，说明 DEA 模型在单纯测算决策单元的技术效率问题上还有一定不足。

DEA 绩效评价是对乳品供应链的相对效率进行评价，而不是绝对的效率。因此，在 DEA 绩效评价中乳品供应链相对有效的样本，并不代表没有改进的空间与必要，这些样本还可以通过优化供应链结构和相互关系，提高自身效率。乳品供应链管理对企业具有重要意义，对各乳品企业所在的供应链绩效进行科学合理的评价，是供应链上企业不断提高自身竞争力的重要途径。基于 DEA 的绩效评价方法为供应链绩效定量评价供了新的思路，突破了以往对供应链绩效大多采用定性评价的局面和把绩效评价认定为财务评价的观点，通过计算供应链 DEA 是否有效可直观地判断供应链运作情况。对于 DEA 无效的供应链，可以借鉴其他 DEA 有效供应链的成功经验，提高产出或减少某些资源的投入，使得供应链上所有投入产出的组合发挥更大的功效。

11　进一步研究展望

　　本研究聚焦于快速文化转型时期特定国家特定产品的特定事件。在这样的条件下，它确实显示出清晰和重要的特征，我们可将其转化为有用的因素，但当我们与其他市场和情况的比较时，我们还没有建立它们之间的正式联系。目前的研究正在考察婴幼儿奶粉在其他文化中的异同。其他供应链可见的质量安全事故也可以纳入该项分析范畴。通过这种方式，我们的目标是确认我们已经开发的消费者信心系统模型能够适应更多的市场。

参考文献

[1] 任韬，阮敬. 中国消费者信心影响因素实证分析[J]. 统计与信息论坛，2010，25(1):87-90.

[2] 李晓玉. 消费者信心的测量方法解析[J]. 统计与决策，2008，4:141-143.

[3] 郭洪伟，吴启富，张玉春. 对消费者信心指数的质疑[J]. 统计与信息论坛，2013，8:21-25.

[4] 李晓玉. 消费者信心指数的理论背景与实际意义[J]. 统计教育，2006，1:27-29.

[5] 郑璋鑫. 消费者信心指数与消费需求关系研究——以南京市居民消费需求为例[J]. 统计与信息论坛，2011，10:58.

[6] 王霞，李先国，李纯青. 消费者信心指数对银行客户交易的影响[J]. 中国软科学，2010，12:157-165.

[7] Esmeralda A Ramalho，António Caleiro，Andreia Dionfsio. Explaining consumer confidence in Portugal[J]. Journal of Economic Psychology, 2011, 32(1):25-32.

[8] 陈云. 城市消费者信心指数编制、调查与分析——以北京市为例[J]. 未来与发展，2008，9:70-73+61.

[9] Ortega D L, Wang H H, Wu L, et al. Got (safe) Milk? Chinese Consumers' Valuation for Select Food Safety Attributes[C]. Southern Agricultural Economics Association Annual Meeting, Corpus Christi, TX. 2011.

[10] 郭春，王新志. 强化农产品安全重塑消费者信心的对策研究[J].

东岳论丛，2012，10:144-146.

[11] 杨伟民，胡定寰. 中国乳业食品安全危机的根源及对策[J]. 中国畜牧杂志，2008，22:40-44.

[12] 徐明凯，徐鹏. "三鹿奶粉"事件对我国乳品制造企业供应链管理的启示[J]. 科技信息，2010，18:400.

[13] 汤应虚. 浅谈口碑传播在婴幼儿奶粉竞争中的运用[J]. 现代经济信息，2009，4:22.

[14] Quan C, Zhao H. Study on Countermeasures to Dairy Supply Chain Quality Security Control[C]. Multimedia Information Networking and Security (MINES), 2012 Fourth International Conference on. IEEE, 2012: 794-797.

[15] 高杨. 中国婴幼儿奶粉行业的发展状况分析及研究——基于食品安全视角分析[J]. 现代营销(学苑版)，2013，4:182.

[16] 吴宏伟. 14 城市婴幼儿奶粉市场调查报告[J]. 中国乳业，2008，8:22-25.

[17] 冯启. 聚焦当下中国婴幼儿奶粉的市场格局[J]. 乳品与人类，2012，3:10-21.

[18] 刘东胜，孙艳婷. 产品伤害危机后消费者信心影响因素研究[J]. 中国市场，2010，48:72-74+84.

[19] 谢聪. 浅析香港限奶令对内地零售市场的影响[J]. 财经界(学术版)，2013，6:13+15.

[20] Chunhua Ju, Zongge Wang,Fuguang Bao, et al. Research on the Agricultural Products Traceability in China [J]. Advance Journal of Food Science and Technology, 2013, 5 (7):946-949.

[21] Corrado Costa, Francesca Antonucci, Federico Pallottino, et al. A Review on Agri-food Supply Chain Traceability by Means of RFID Technology[J]. Food and Bioprocess Technology. 2013，6(2):353-366.

[22] 杨静，熊峻凌. 乳品供应链风险分析与控制研究[J]. 广东轻工职业技术学院学报，2009，1:31-34.

[23] 李士华，唐德善. 奶粉事件下供应链危机研究[J]. 商业经济与管理，2009，5:26-31.

[24] 汤应虚. 浅谈口碑传播在婴幼儿奶粉竞争中的运用[J]. 现代经济信息，2009(4):22.

[25] 杨俊，朱琴，杨叶秋，等. 上海婴幼儿奶粉健康安全问题的调查及应对策略[J]. 价值工程，2013，15:316-319.

[26] 方升，周敏. 基于供应链的我国乳品质量安全控制[J]. 广西轻工业，2008，12:6.

[27] 芦丽静，单海鹏. 中国婴幼儿奶粉市场中的"海淘"现象分析[J]. 中国乳业，2014(3):22-25.

[28] 姚欣，沈文华. 北京市婴幼儿奶粉市场调研[J]. 北京农学院学报，2012，3:49-52.

[29] 王威，杨敏杰. "信任品"的信任危机与加强乳制品质量安全的政策建议[J]. 农业现代化研究，2009，30(3):302-305.

[30] 刘呈庆，孙曰瑶，龙文军，等. 竞争、管理与规制:乳制品企业三聚氰胺污染影响因素的实证分析[J]. 管理世界，2009(12):67-78.

[31] 姜冰，李翠霞. 乳制品质量危机背景下供应链安全管控机制研究[J]. 农业现代化研究，2013，34(6):698-702.

[32] 钱贵霞，郭晓川，邬建国，等. 中国奶业危机产生的根源及对策分析[J]. 农业经济问题，2010，31(3):30-36+110.

[33] 朱俊峰，陈凝子，王文智. 后"三鹿"时期河北省农村居民对质量认证乳品的消费意愿分析[J]. 经济经纬，2011(01):63-67.

[34] 刘华，陈艳. 婴幼儿奶粉消费者购买行为的影响因素分析——基于南京市167位消费者的调查数据[J]. 湖南农业大学学报(社会科学版)，2013，14(1):22-28+41.

[35] 全世文，曾寅初，刘媛媛. 消费者对国内外品牌奶制品的感知风险与风险态度——基于三聚氰胺事件后的消费者调查[J]. 中国农村观察，2011(02):2-15+25.

[36] [36]于海龙，李秉龙. 中国城市居民婴幼儿奶粉品牌选购行为研究——以北京市为例[J]. 统计与信息论坛，2012（1）:101-106.

[37] 李玉峰，刘敏，平瑛. 食品安全事件后消费者购买意向波动研究: 基于恐惧管理双重防御的视角[J]. 管理评论，2015，27(6):186-196.

[38] 全世文，曾寅初，刘媛媛，等. 食品安全事件后的消费者购买行为恢复——以三聚氰胺事件为例[J]. 农业技术经济，2011(7):4-15.

[39] 巩顺龙，白丽，陈晶晶. 基于结构方程模型的中国消费者食品安全信心研究[J]. 消费经济，2012，28(2):53-57.

[40] 李翠霞，姜冰. 情景与品质视角下的乳制品质量安全信任评价—基于 12 个省份消费者乳制品消费调研数据[J]. 农业经济问题，2015，36(3):75-82+111-112.

[41] 王旭，方虹，张芳，等. 基于因子分析的乳制品消费者质量安全信任研究[J]. 数学的实践与认识，2016，46(16):69-77.

[42] De Jonge J,Van Trijp J C M,Van der Lans,et al L. How trust in institutions and organizations builds general consumer confidence in the safety of food: a decomposition of effects[J]. Appetite, 2008(51): 311-317.

[43] Van Kleef G A,Cote S. Expressing anger in conflict:When it helps and when it hurts [J]. Journal of Applied Psychology, 2007(92): 1557-1569.

[44] De Jonge J D,Frewer L,Trijp H V, at al. Monitoring consumer confidence in food safety: an exploratory study[J]. British Food Journal, 2004, 106(10/11):837-849.

[45] Bocker A, Hanf C H. (2000), Confidence lost and—partially—regained: consumer response to food scares[J]. Journal of Economic Behavior & Organization, 2000, 43 (4):471-485.

[46] Liu S, Huang J C, Brown G. Information and risk perception: a dynamic adjustment process[J]. Risk Analysis, 1998, 18（6）: 689-699.

[47] Chen M F. Consumer trust in food safety—a multidisciplinary approach and empirical evidence from Taiwan[J]. Risk Analysis, 2008，28（6）: 1553-1569.

[48] Roseman M, Kurzynske J,Tietyen J. Consumer confidence regarding the safety of the US food supply[J]. International Journal of Hospitality & Tourism Administration,2006,6(4):71-90.

[49] Alfnes F, Rickertsen K,Ueland. Consumer attitudes toward low stake risk in food markets[J]. Applied Economics,2008,40(23):3039-3049.

[50] Fife-Schaw C, Rowe G. Public perceptions of everyday food hazards: a psychometric study[J]. Risk Analysis, 1996, 16(4): 487-500.

[51] Gardner B. US food quality standards: fix for market failure or costly anachronism?[J]. American Journal of Agricultural Economics, 2003, 85 (3):725-730.

[52] Roth A V,Tsay A A,Pullman M E,Gray J. Unraveling the food supply chain: strategic insights from china and the 2007 recalls[J]. Journal of Supply Chain Management,2008,44(1):22-39.

[53] Mo L. Impact of food safety information on US poultry demand[J]. Applied Economics, 2013,45(9):1121-1131.

[54] Alsem K J,Brakman S,Hoogduin L,et al. The impact of newspapers on consumer confidence: does spin bias exist?[J]. Applied Economics,2008,40(2):531-539.

[55] Knowles T,Moody R,McEachern M G. European food scares and their impact on EU food policy[J]. British Food Journal, 2007, 109(1):43-67.

[56] Premanandh, Jagadeesan. Horse meat scandal—A wake-up call for regulatory authorities[J]. Food Control,2013,34(2):568-569.

[57] Pennings J M E,Wansink B,Meulenberg M T G. A note on modeling consumer reactions to a crisis: the case of the mad cow disease[J]. International Journal of Research in Marketing,2002,19(1):91-100.

[58] Reeves C A,Bednar D A. Defining quality: alternatives and implications[J]. Academy of Management Review, 1994, 19(3):419- 445.

[59] Ravald A,Grönroos C. The value concept and relationship

marketing[J]. European Journal of Marketing,1996,30(2):19-30.

[60] Bowbrick P. The economics of grades[J]. Oxford Agrarian Studies, 1982, 11 (1):65-92.

[61] Jeong M,Lambert C U. Adaptation of an information quality framework to measure customers'behavioral intentions to use lodging web sites[J]. International Journal of Hospitality Management, 2001, 20(2): 129-146.

[62] Zeithaml V A. Consumer perceptions of price, quality, and value: a means-end model and synthesis of evidence[J]. The Journal of Marketing,1988,52 (3):2-22.

[63] Tellis G J,Gaeth G J. Best value, price-seeking, and price aversion: the impact of information and learning on consumer choices[J]. The Journal of Marketing,1990,54(2):34-45.

[64] Einhorn H J,Hogarth R M. (1987), Decision making: going forward in reverse, Harvard Business Review.

[65] [64]Simpson B,McGrimmon T. Trust and embedded markets: a multi-method investigation of consumer transactions[J]. Social Networks,2008,30(1):1-15.

[66] Kaplan S. (1991), Risk assessment and risk management basic concepts and terminology, In Risk Management: Expanding Horizons in Nuclear Power and Other Industries: 11-28.

[67] Aven T,Renn O. On risk defined as an event where the outcome is uncertain[J]. Journal of Risk Research,2009,12(1):1-11.

[68] Willams T M. Using a risk register to integrate risk management in project definition[J]. International Journal of Project Management, 1994,12 (1): 17-22.

[69] Mitchell,Vincent-Wayne. Consumer perceived risk: conceptualisations and models[J]. European Journal of Marketing, 1999, 33(1/2): 163-195.

[70] De Jonge J D,Frewer L,Trijp H V,et al. Monitoring consumer

confidence in food safety: an exploratory study [J]. British Food Journal, 2004, 106(10/11):837-849.

[71] Henson S,Traill B. The demand for food safety: market imperfections and the role of government[J]. Food Policy, 1993, 18(2):152-162.

[72] Brom F W. Food, consumer concerns, and trust: food ethics for a globalizing market[J]. Journal of Agricultural and Environmental Ethics, 2000, 12 (2):127-139.

[73] Juric B,Worsley A. Consumers' attitudes towards imported food products[J]. Food Quality and Preference,1998,9(6):431-441.

[74] Jacoby J. Brand loyalty: a conceptual definition[J]. Proceedings of the Annual Convention of the American Psychological Association, 1971,6(2):655-656.

[75] Jacoby J,Chestnut R W, Fisher W A. A behavioral process approach to information acquisition in nondurable purchasing[J]. Journal of Marketing Research, 1978, 15(4):532-544.

[76] Reichheld F F,Teal T, Smith D K. (1996), The Loyalty Effect, Harvard business school press, Boston, MA.

[77] Upshaw, L. B. (1995), Building Brand Identity, Vol. 1, University of Texas Press, Austin.

[78] Ling, P. , D'Alessandro, S. and Winzar, H. (2015), Consumer Behaviour in Action, Oxford University Press, Oxford.

[79] Kucuk S U. Impact of consumer confidence on purchase behavior in an emerging market[J]. Journal of International Consumer Marketing, 2005, 18(1/2):73-92.

[80] Kotler P. (1991), Principles of Marketing, [by] Philip Kotler, Gary Armstrong: Instructor's Resource Manual, Prentice Hall, Melbourne.

[81] Bagozzi R P,Yi Y. Multitrait-multimethod matrices in consumer research[J]. Journal of Consumer Research,1991,17(4):426-439.

[82] Buttle F,Burton J. Does service failure influence customer loyalty?

[J]Journal of Consumer Behaviour,2010,1(3):217-227.

[83] Anderson E W,Sullivan M W. The antecedents and consequences of customer satisfaction for firms[J]. Marketing Science, 1993, 12:125-143.

[84] Yee W M, Yeung R M,Morris J. Food safety: building consumer trust in livestock farmers for potential purchase behaviour[J]. British Food Journal,2005,107(11):841-854.

[85] Castaldo S,Perrini F, Misani N,et al. The missing link between corporate social responsibility and consumer trust: the case of fair trade products[J]. Journal of Business Ethics,2009,84(1):1-15.

[86] Sirdeshmukh D, Singh J,Sabol B. Consumer trust, value, and loyalty in relational exchanges[J]. Journal of Marketing,2002,66(1):15-37.

[87] De Jonge J,Van Trijp H, Goddard E,et al. Consumer confidence in the safety of food in Canada and the Netherlands: the validation of a generic framework[J]. Food Quality and Preference, 2008, 19(5): 439-451.

[88] Valentine V,Gordon W. The 21st century consumer[J]. International Journal of Market Research, 2000, 42(2):185-206.

[89] McCollough M A,Berry L L,Yadav M S. An empirical investigation of customer satisfaction after service failure and recovery[J]. Journal of Service Research, 2000, 3(2):121-137.

[90] McColl-Kennedy J R,Sparks B A. Application of fairness theory to service failures and service recovery[J]. Journal of Service Research, 2003, 5(3):251-266.

[91] Weun S,Beatty S E,Jones M A. The impact of service failure severity on service recovery evaluations and post-recovery relationships[J]. Journal of Services Marketing,2004,18(2):133-146.

[92] Thompson M M,Zanna M P. The conflicted individual: personality-based and domain specific antecedents of ambivalent social attitudes[J]. Journal of Personality, 1995, 63(2):259-288.

[93] Penz E,Hogg M K. The role of mixed emotions in consumer behaviour: Investigating ambivalence in consumers' experiences of approach-avoidance conflicts in online and offline settings[J]. European Journal of Marketing,2011,45(1/2):104-132.

[94] Folkes V S. Consumer reactions to product failure: an attributional approach[J]. Journal of Consumer Research,1984,10(4):398-409.

[95] Erevelles S,Leavitt C. A comparison of current models of consumer satisfaction/ dissatisfaction[J]. Journal of Consumer Satisfaction, Dissatisfaction and Complaining Behavior,1992,5(10):104-114.

[96] Day R L，Landon E L. Toward a theory of consumer complaining behavior[J]. Consumer and Industrial Buying Behavior, 1977, 95(1):425-437.

[97] Donoghue S,Klerk H M. Dissatisfied consumers' complaint behaviour concerning product failure of major electrical household appliances a conceptual framework[J]. Journal of Consumer Sciences, 2006, 34(1):41-55.

[98] Swanson S R,Kelley S W. Service recovery attributions and word-of-mouth intentions[J]. European Journal of Marketing, 2001, 35(1/2): 194-211.

[99] Smith A P,Young J A,Gibson J. How now, mad-cow? Consumer confidence and source credibility during the 1996 BSE scare[J]. European Journal of Marketing, 1999, 33(11/12):1107-1122.

[100] Mattila A S. The effectiveness of service recovery in a multi-industry setting[J]. Journal of Services Marketing, 2001, 15(7): 583-596.

[101] Smith A K,Bolton R N, Wagner J. A model of customer satisfaction with service encounters involving failure and recovery[J]. Journal of Marketing Research,1999,36(3):356-372.

[102] Wang Y S, Wu S C,Lin H H,et al. The relationship of service failure severity, service recovery justice and perceived switching costs

with customer loyalty in the context of e-tailing[J]. International Journal of Information Management, 2011, 31(4): 350-359.

[103] Weun S,Beatty S E,Jones M A. The impact of service failure severity on service recovery evaluations and post-recovery relationships[J]. Journal of Services Marketing, 2004, 18(2): 133-146.

[104] Wirtz J,Mattila A S. Consumer responses to compensation, speed of recovery and apology after a service failure[J]. International Journal of Service Industry Management, 2004, 15(2):150-166.

[105] Hepp M. Goodrelations: an ontology for describing products and services offers on the web[C]//Knowledge Engineering:Practice and Patterns,16th International Conference,EKAW 2008, Acitrezza, Italy, September 29-October 2,2008. Proceedings. Springer- Verlag, 2008.

[106] Jiao J, Ma Q, Tseng M M. Towards high value-added products and services: mass customization and beyond[J]. Technovation, 2003, 23(10):809-821.

[107] Colgate M,Norris M. Developing a comprehensive picture of service failure[J]. International Journal of Service Industry Management, 2001, 12(3):215-233.

[108] McCollough M A, Berry L L,Yadav M S. An empirical investigation of customer satisfaction after service failure and recovery[J]. Journal of Service Research, 2000, 3(2):121-137.

[109] Kelly S, Hoffman K, Davis M. Antecedents to customer expectations for service recoveries[J]. Journal of Retailing, 1993, 69(1):52-61.

[110] Miller J L, Craighead C W,Karwan K R. Service recovery: a framework and empirical investigation[J]. Journal of Operations Management, 2000, 18(4):387-400.

[111] Zhu Z,Sivakumar K,Parasuraman A. A mathematical model of service failure and recovery strategies[J]. Decision Sciences, 2004, 35(3):493-525.

[112] DeWitt T,Brady M K. Rethinking service recovery strategies: the effect of rapport on consumer responses to service failure[J]. Journal of Service Research, 2003,6(2):193-207.

[113] Magnini V P,Ford J B. Service failure recovery in China[J]. International Journal of Contemporary Hospitality Management, 2004, 16(5):279-286.

[114] Patterson P G,Cowley E,Prasongsukarn K. Service failure recovery: the moderating impact of individual-level cultural value orientation on perceptions of justice[J]. International Journal of Research in Marketing, 2006, 23(3):263-277.

[115] McColl-Kennedy J R, Sparks B A. Application of fairness theory to service failures and service recovery[J]. Journal of Service Research, 2003,5 (3):251-266.

[116] Bukenya J O,Wright N R. Determinants of consumer attitudes and purchase intentions with regard to genetically modified tomatoes[J]. Agribusiness,2007,23(1):117-130.

[117] Lobb A,Mazzocchi M,Traill W. Modelling risk perception and trust in food safety information within the theory of planned behaviour[J]. Food Quality and Preference,200718(2):384-395.

[118] Lassoued R,Hobbs J. Consumer confidence in credence attributes: the role of brand trust[J]. Food Policy,2015,52 (1):99-107.

[119] Gellynck X,Verbeke W,Vermeire B. Pathways to increase consumer trust in meat as a safe and wholesome food[J]. Meat Science,2006,74(1):161-171.

[120] Alsem K J,Brakman S,Hoogduin L, et al. The impact of newspapers on consumer confidence: does spin bias exist?[J]. Applied Economics,2008,40(2):531-539.

[121] [115]Smith A K, Bolton R N,Wagner J. A model of customer satisfaction with service encounters involving failure and recovery[J]. Journal of Marketing Research, 1999, 36(3):356-372.

[122] Bocker A,Hanf C H. Confidence lost and—partially—regained: consumer response to food scares[J]. Journal of Economic Behavior & Organization, 2000, 43(4):471-485.

[123] Anderson E W,Sullivan M W. The antecedents and consequences of customer satisfaction for firms[J]. Marketing Science, 1993, 12:125-143.

[124] Bilich K. All about formula (how to choose and prepare the right formula for your baby)[EB/OL]. [2016-03-01]. http://www. parents. com/baby/feeding/formula/all-about-formula/.

[125] Mathuthra O,Latha K. Customers attitude towards baby products of Johnson & Johnson and Himalayan products, Coimbatore city[J]. International Journal of Advanced Research,2016,2(6):816-819.

[126] Bogg T,Roberts B W. Conscientiousness and health-related behaviors: a meta-analysis of the leading behavioral contributors to mortality[J]. Psychological Bulletin,2004,130(6):887.

[127] Zhang C,Bai J,Lohmar B T,et al. How do consumers determine the safety of milk in Beijing, China?[J]. China Economic Review, 2010, 21 (1):45-54.

[128] Sethi S P,Bhalla B B. A new perspective on the international social regulation of business: an evaluation of the compliance status of the international code of marketing of breast-milk substitutes[J]. Journal of Socio-Economics,1993,22(2):141-158.

[129] Eden S,Bear C,Walker G. Understanding and (dis) trusting food assurance schemes: consumer confidence and the 'knowledge fix' [J]. Journal of Rural Studies,2008,24(1):1-14.

[130] McKeown E G,Werner W B. Content analysis of consumer confidence in food service in relation to food safety laws, publicity, and sales[J]. Journal of Hospitality Marketing & Management, 2009, 19(1):72-81.

[131] Li H, Xi L. Regulatory institutions and the Melamine scandal: a

game theory perspective[J]. Organization Development Journal, 2010, 28(2):29-39.

[132] Xiu C, Klein K. Melamine in milk products in China: examining the factors that led to deliberate use of the contaminant[J]. Food Policy, 2010, 35(5):463-470.

[133] Pei X,Tandon A, Alldrick A,et al. The China melamine milk scandal and its implications for food safety regulation[J]. Food Policy, 2011, 36(3):412-420.

[134] Fairclough G, Sue F. China orders wide milk-products tests in effort to restore public confidence[J]. Wall Street Journal-Eastern Edition,2008,252(90):12-15.

[135] Fairclough G, Zhang K,Zhu E. China hopes Melamine trials will restore trust[J]. Wall Street Journal-Eastern Edition, 2008, 252(151):4.

[136] Hu W,Yu Q. Building consumer trust in food suppliers:The Case of Dairy Processors in China[C]//International Conference on Business Intelligence & Financial Engineering. 2009.

[137] Walley K,Custance P,Zhang R. Service quality in the language training market in China[J]. Marketing Intelligence & Planning, 2012, 30(4):477-491.

[138] Kidspot. Chinese Formula Crisis: How it's Affecting Australian Consumers[EB/OL]. [2016-05-04]. http://www. kidspot. com. au/chinese-formula-crisis-how-its-affecting-australian- consumers/.

[139] [134]Yu H l,Li B l. Analysis and policy proposals on regional advantages of dairy cows production in China[J]. Research of Agricultural Modernization,2012,2(1):6.

[140] Cureton E E,Mulaik S A. The weighted varimax rotation and the promax rotation[J]. Psychometrika,1975,40(2):183-195.

[141] Sun X,Collins R. A comparison of attitudes among purchasers of imported fruit in Guangzhou and Urumqi, China[J]. Food Quality

and Preference,2004,15(3):229-237.

[142] 马士华，林勇. 供应链管理[M]. 北京：高等教育出版社，2006.

[143] 冷志杰，田静. 加工企业主导型粮食供应链中粮农风险共担契约研究[J]. 黑龙江八一农垦大学学报，2014，（5）：82-85.

[144] 杨伟民. 基于供应链的乳业一体化研究[J]. 农业经济问题，2007（增刊）:90-94.

[145] 魏权龄. 评价相对有效性的 DEA 方法[M]. 北京：中国人民大学出版社，1988.

[146] Charnes A, Cooper W, R hodes E. Measuring the efficiency of decision making units[J]. European Journal of Operational R esearch, 1978, (2): 429-444.

附件 1

婴幼儿奶粉消费者信心调查问卷

第一部分　消费者特征

1. 您的性别

　　男　　女

2. 您的年龄

　　20～25岁　25～30岁　30～35岁　35～40岁　40～45岁

3. 您的居住地

　　北京、上海、广州、深圳、天津

　　省会城市

　　地级市

　　县级市

　　县级以下

4. 您的家庭年收入

　　5万元以下

　　5万～10万元

　　10万～15万元

　　15万～20万元

　　20万以上

5. 您的文化程度

　　大专以下　　大专　　本科　　硕士　　博士

6. 您孩子的年龄

　　未出生　0～1岁　1～2岁　2～3岁　3～4岁

7. 您对婴幼儿奶粉质量缺陷容忍度。

（5分——75%～100%，4分——50%～75%，3分——25%～50%，2分——25%～0%，1分——0）

  营养成分小于质量标准

  卫生不达标

  含有害物质，少量饮用无明显不良症状

  含有害物质，大量饮用有明显不良症状

  含有害物质，大量饮用造成终生伤害

第二部分　外在意识

1. 您认为保证婴幼儿奶粉质量安全，各方的责任大小。

（5分——最大，4分——较大，3分——中等，2分——较小，1分——最小）

  原料奶供应商

  奶粉生产商

  销售商

  物流服务商

  政府监管部门

  行业协会

  大众媒体和专家

2. 您认为各类婴幼儿奶粉奶源执行的质量标准高低。（5分——很高，4分——高，3分——中等，2分——偏低，1分——很低）

  国内生产

  进口原装

  进口原料分装

3. 您认为各类婴幼儿奶粉执行的质量标准高低。

（5分——很高，4分——高，3分——中等，2分——偏低，1分——很低）

  国内生产

　　进口原装

　　进口原料分装

4. 您对婴幼儿奶粉监管的信任度。

（5分——大于80%，4分——80%～60%，3分——60%～40%，2分——40%～20%，1分——20%～0）

　　国内生产（全程国内）

　　原装进口（原料－生产：国外监管；进口－销售：国内监管）

　　原料进口分装（原料：国外监管；进口－生产－销售：国内监管）

5. 您对婴幼儿奶粉质量的信任度。

（5分——大于80%，4分——80%～60%，3分——60%～40%，2分——40%～20%，1分——20%～0）

　　国内生产

　　进口原装

　　进口原料分装

6. 您对国产和进口婴幼儿奶粉服务的信任度。

（5分——大于80%，4分——80%～60%，3分——60%～40%，2分——40%～20%，1分——20%～0）

　　国内生产

　　进口原装

　　进口原料分装

7. 国产婴幼儿奶粉供应链各环节中，您认为存在质量安全隐患的可能性。

（5分——大于80%，4分——80%～60%，3分——60%～40%，2分——40%～20%，1分——20%～0）

　　奶农

　　奶站

　　奶粉厂

　　销售商

8. 原装进口婴幼儿奶粉供应链各环节中,您认为存在质量安全隐患的可能性。

（5分——大于80%,4分——80%～60%,3分——60%～40%,2分——40%～20%,1分——20%～0）

  国外奶源

  国外奶粉厂

  进口商

  销售商

9. 原料进口分装婴幼儿奶粉供应链各环节中,您认为存在质量安全隐患的可能性。

（5分——大于80%,4分——80%～60%,3分——60%～40%,2分——40%～20%,1分——20%～0）

  原料奶

  物流服务商

  进口商

  分装商

  销售商

10. 您认为下面婴幼儿奶粉属于哪种类型。

（5分——质量好价格高,4分——质量好价格不高,3分——质量中等价格中等,2分——质量不好价格不高,1分——质量差价格高,不清楚）

  国内生产

  原装进口品牌

  进口原料分装品牌

11. 您所采购的婴幼儿奶粉是

  国内生产

  原装进口品牌

  进口原料分装品牌

  不清楚

12. 您认为配方对选购婴幼儿奶粉的重要性

  配方越高级越好

不同宝宝不同需求、配方挺重要

一般

基本营养充足就行、配方不重要

配方就是商家赚钱的噱头

13. 您通过什么渠道购买婴幼儿奶粉？

国产和国内分装、药店、网购（个人店铺代购）、网购（品牌旗舰店）、普通超市、母婴用品店、医院、哪方便去哪

进口、亲朋好友国外代购、网购（个人店铺代购）、网购（品牌旗舰店）、国内的进口奶粉超市、普通超市、亲自到国外购买、哪方便去哪

14. 您是否清楚所选购的婴幼儿奶粉供应链成员是谁？清楚的请打钩。

原料奶供应商

婴幼儿奶粉生产商

销售商

物流服务商

15. 如果没有资金约束，你将选购哪种奶粉？

国内生产

原装进口品牌

进口原料分装品牌

16. 您选购的婴幼儿奶粉是什么样的包装？

罐装

盒装

袋装

17. 您选购的婴幼儿奶粉是否和您（您的妻子）在孕期使用的奶制品是一个品牌/厂家？

是　不是

18. 如果您所购买的婴幼儿奶粉某批次如果出现质量缺陷，你的换购策略是？

本品牌其他批次

国内生产

原装进口品牌

进口原料分装品牌

第三部分　情绪——外界舆论方向

1. 各方正面信息披露可信度。

（5分——大于80%可信，4分——80%～60%可信，3分——60%～40%可信，2分——40%～20%可信，1分——20%～0可信）

政府

专家

行业协会

媒体

亲朋好友

企业自主宣传

2. 各方负面信息披露可信度。

（5分——大于80%可信，4分——80%～60%可信，3分——60%～40%可信，2分——40%～20%可信，1分——20%～0可信）

政府

专家

行业协会

媒体

亲朋好友

企业自主宣传

第三部分　情绪——补救措施

3. 婴幼儿奶粉出现问题时，各方处理态度、速度、处理方式满意度。

（5分——非常满意，4分——比较满意，3分——部分满意，2分——不满意，1分——非常不满，0分——不清楚）

国内生产

原装进口

原料进口分装

4. 问题婴幼儿奶粉事件后，各方对产品质量的整改是否令人满意。

（5分——非常满意，4分——比较满意，3分——部分满意，2分——不满意，1分——非常不满，0分——不清楚）

国内生产

原装进口

原料进口分装

5. 问题婴幼儿奶粉事件后，各方对产品服务的整改是否令人满意。

（5分——非常满意，4分——比较满意，3分——部分满意，2分——不满意，1分——非常不满，0分——不清楚）

国内生产

原装进口

原料进口分装

6. 问题婴幼儿奶粉事件频发，各类品牌努力参与公益，倡导健康来改善形象，目前其形象在您心中是什么状态？

（5分——非常满意，4分——比较满意，3分——部分满意，2分——不满意，1分——非常不满，0分——不清楚）

国内生产

原装进口

原料进口分装

附件 2

附表 2.1　旋转后的 DSC 因子载荷矩阵

结构和 指标		因子											
		1	2	3	4	5	6	7	8	9	10	11	12
消费者特征	人口社会学特征	性别												
		年龄						0.877						
		居住地						0.876						
		家庭年收入							−0.768					
		最高受教育水平							0.688					
		最小孩子年龄												
	质量缺陷容忍度	营养成分小于质量标准									0.724			
		细菌数超标									0.805			

续附表

结构和指标		因子											
		1	2	3	4	5	6	7	8	9	10	11	12
外部认知	质量认知 原料奶质量标准		0.754										
	奶粉质量标准		0.714										
	产品质量责任信任差		−0.712										
	服务质量责任信任差		−0.657										
	监管质量责任信任差		−0.757										
	供应链成员风险认知 奶农收奶站				0.785								
	奶站				0.885								
	婴幼儿奶粉生产商				0.621								

续附表

结构和指标			因子											
			1	2	3	4	5	6	7	8	9	10	11	12
外部认知	营销策略认知	零售商										0.782		
		性价比		0.527										
		配方												
		购买渠道												
		安全性												
		供应链知名度												
		包装											−0.827	
		消费体验											0.774	
内部情感	公共舆论导向	正面信息												
		监管部门	0.749											
		专家	0.773											
		行业协会	0.810											
		媒体	0.672											
		家人和朋友					0.845							
		供应链自主宣传												

续附表

结构和指标		因子											
		1	2	3	4	5	6	7	8	9	10	11	12
		负面信息											
内部情感	供应链自主宣传	监管部门	0.632											
		专家	0.744											
		行业协会	0.683											
		媒体	0.604											
		家人和朋友					0.822							
		供应链自主宣传								0.740				
	补救措施	问题处理			0.758									
		质量整改			0.824									
		服务整改			0.847									
		形象改善			0.765									

因子提取方法：主成分分析法。

矩阵旋转方法：正交和 Kaiser 标准化

旋转在第 56 次迭代收敛

附表 2.2　旋转后的 IFSC 因子载荷矩阵

结构和指标		因子											
		1	2	3	4	5	6	7	8	9	10	11	12
消费者特征	人口社会学特征	性别												
		年龄							0.865					
		居住地							0.888					
		家庭年收入								-0.766				
		最高受教育水平								0.723				
		最小孩子年龄												
	质量缺陷容忍度	营养成分小于质量标准									0.735			
		细菌数超标									0.698			
外部认知	质量认知	原料奶质量标准				0.796								

续附表

结构和指标		因子											
		1	2	3	4	5	6	7	8	9	10	11	12
外部认知	质量认知	奶粉质量标准				0.830								
		产品质量责任信任差												
		服务质量责任信任差				−0.617								
		监管质量责任信任差				−0.663								
	供应链成员风险认知	奶农					0.828							
		婴幼儿奶粉生产商					0.872							
		进口商					0.775							
		零售商					0.626							

续附表

结构和指标			因子											
			1	2	3	4	5	6	7	8	9	10	11	12
外部认知	营销策略认知	性价比				0.556								
		配方											0.742	
		购买渠道												
		安全性									-0.528			
		供应链知名度												
		包装										-0.850		
		消费体验												0.880
内部情感	公共舆论导向	正面信息												
		监管部门	0.754											
		专家	0.776											
		行业协会	0.853											
		媒体	0.693											
		家人和朋友						0.824						
		供应链自主宣传	0.508											

续附表

结构和指标			因子											
			1	2	3	4	5	6	7	8	9	10	11	12
内部情感	公共舆论导向						负面信息								
		监管部门		0.771										
		专家		0.649										
		行业协会		0.767										
		媒体		0.605										
		家人和朋友						0.840						
		供应链自主宣传		0.714										
	补救措施	问题处理			0.809									
		质量整改			0.848									
		服务整改			0.845									
		形象改善			0.723									

因子提取方法：主成分分析法。

矩阵旋转方法：正交和Kaiser标准化

旋转在第35次迭代收敛

附表 2.3　旋转后的 ISSC 因子载荷矩阵

结构和指标			因子											
			1	2	3	4	5	6	7	8	9	10	11	12
消费者特征	人口社会学特征	性别											−0.737	
		年龄							0.873					
		居住地							0.882					
		家庭年收入								−0.814				
		最高受教育水平								0.699				
		最小孩子年龄												
	容忍度	营养成分小于质量标准									0.637			
		细菌数超标									0.829			
外部认知	质量认知	原料奶					0.797							
		奶粉					0.809							
		责任信任差					−0.530							
		服务质量责任信任差					−0.704							

续附表

结构和指标			因子											
			1	2	3	4	5	6	7	8	9	10	11	12
外部认知	质量认知	监管质量责任信任差					−0.528							
	供应链成员风险认知	奶农				0.661								
		物流服务商				0.794								
		进口商				0.863								
		生产商				0.780								
		零售商				0.727								
	营销策略认知	性价比										0.518		
		配方												0.613
		渠道安全性												0.708
		供应链知名度												
		包装												
		消费体验										0.740		
内部情感	公共舆论导向	正面信息												
		监管部门		0.705										
		专家		0.723										
		行业协会		0.823										

续附表

结构和指标		因子											
		1	2	3	4	5	6	7	8	9	10	11	12
内部情感	公共舆论导向 媒体		0.699										
	家人和朋友						0.837						
	供应链自主宣传		0.625										
	负面信息												
	监管部门	0.794											
	专家	0.764											
	行业协会	0.786											
	媒体	0.674											
	家人和朋友						0.806						
	供应链自主宣传	0.512											
	补救措施 问题处理			0.775									
	质量整改			0.857									
	服务整改			0.872									
	形象改善			0.807									

因子提取方法：主成分分析法。
矩阵旋转方法：正交和Kaiser标准化

旋转在第35次迭代收敛

附表 2.4 质量安全事故前后消费者信心预测值

消费者信心	DSC/%	频率	IFSC/%	频率	ISSC/%	频率
质量安全事故前	23.16	57	62.46	187	14.39	13
质量安全事故后	13.33	20	52.63	150	4.91	0
前后变动	9.83	37	9.83	37	9.48	13
变动百分比	42.42	64.91	15.73	19.79	65.85	100.00

附表 2.5 相同质量安全事故前后消费者选择变动

无资金限制			质量安全事故前		无资金限制与事故前	质量安全事故后					选择频率	百分比/%	事故前与事故后
供应链	选择频率	百分比	选择频率	百分比/%	差值	供应链	IFSC	ISSC	DSC		选择频率	百分比/%	差值
IFSC	238	83.51	178	62.46	21	选择频率	150	8	20		196	68.77	− 6.32
						百分比	84.27	4.49	11.24				
ISSC	24	8.42	41	14.39	− 6	选择频率	20	14	7		24	8.42	5.96
						百分比	48.78	34.15	17.07				
DSC	23	8.07	66	23.16	− 15	选择频率	26	2	38		65	22.81	0.35
						百分比	39.39	3.03	57.58				
合计	285	100	285	100	0	合计	196	24	65		285	100	0

附表 2.6 质量安全事故前后 Log 模型比较分析

供应链类型	质量安全事故前	质量安全事故后		
		保留的变量	新增变量	不再起作用变量
DSC	F（6+7+8+9）, F21, F3, F10（2）, F16, F15, F12, F4	F（6+7+8+9）, F21, F3, F10（2）, F16, F15, F12	—	F4
IFSC	F17, F18, F3, F5, F15, F1	F17, F18, F3, F5, F15, F1	F10	—
ISSC	F17, F21, F10, F20, F5, F（12+13）	F5, F（12+13）	—	F17, F21, F10, F20